大師如何設計

THE RULE OF THE HOUSING DESIGN

INTERIOR / APPEARANCE / EXTERIOR / LIGHTING / STORAGE

最高品味住宅規劃 150 例

瑞昇文化

大師如何設計
最高品味
住宅規劃150例

CONTENTS

1

內部裝潢的大原則

提升數個層級 讓設計品味

什麼是替委託人著想的內部裝潢？1

怎樣的內部裝潢會受委託人的喜愛

委託人對於空間之要求的變化

住宅內部裝潢的流行，大致上會以5年為單位來變化。

10年前　客廳跟衛浴總之都是白色

浴室也是要求地板、牆壁、天花板全都是白色。浴室的地板等等，白色建材在當時屬於少數。

地板、牆壁、天花板，整個都是白色的空間。擺設的物品也不會太多，給人清爽的印象。

5年前　厚重跟休閒的兩大派

柚木、海棠木等較為深濃的地板，組合熟石膏或矽藻土等灰泥牆或大理石。

另一方面以年輕人為中心，也有許多用杉木、蒲櫻木等明亮的地板材質，組合白色牆壁的空間。

現在　用較低的對比來得到沉穩的氣氛

糙葉樹之木材的木板跟裸露的燈泡、壓花玻璃等復古式的風格也積極的被採用。內部裝潢的對比偏低

地板大多是橡木、柳木、樺木等材質，加上色調較為沉穩的白色油

受委託人「喜愛」的內部裝潢，這句話說起來雖然簡單，每個人的喜好卻是千差萬別，讓我們在決定的時候遇到許多困難。不過總是會有流行的趨勢存在，我們將大致上的傾向，整理成上方的**照片**。

除了這些表面材質的傾向，最近的趨勢，是內部裝潢並不只局限於地板、牆壁、天花板。有不少委託人會想要積極的呈現擺設型家具或小配件等附屬品。

喜愛這種具有風格之內部裝潢的委託人越來越多，讓客廳內固定式家具的需求變少。想要自己購買矮櫃來設計的思考方式，漸漸成為主流。

就像這樣，現代住宅對於家具的擺設跟房間的使用方式，稍微產生變化，但「具有包容力的空間」所擁有的魅力仍舊不變。基本上人們所追求的，還是氣氛寬敞的空間。像左頁CG這樣，被劃分為細小空間的格局，不管內部裝潢再怎麼努力，都很難得到良好的氣氛。

以這種觀點來看，內部裝潢與人體非常的相似。骨骼與內臟的美，會直接展露到表面。骨骼與內臟都是基本設計的要素。在整理過的基本設計上進行裝飾或追加擺設品，可以更進一步突顯出它的美。在考慮內部裝潢之前，希望可以先注重基本設計。

良好的格局，可以讓內部裝潢更加美麗

同樣大小的空間，也會因為格局設計讓寬敞的感覺出現變化，內部裝潢給人的印象也會受到影響。

◎ 設計之要素經過整理，感覺寬敞的空間

建築計劃經過整理，將隔板跟門窗的數量減到最低，形成寬敞的氣氛。

CG的格局模型。整理過後的格局，可以讓內部裝潢更加美麗。

◎ 翼牆※跟門窗較多，沒有經過整理的格局

翼牆※跟分散的窗戶有損於寬敞的氣氛。

用小牆跟門窗區隔，缺少伸展出去的感覺。擺上家具會產生壓迫感。

好的內部裝潢從骨骼開始

構造跟格局這些相當於骨骼的部分要是不漂亮，表面再怎麼裝飾也沒有意義。這點跟人體的美醜相同。

骨骼跟內臟的美，決定是否能成為美女

建築物的基本設計，在某種程度上會決定它的美醜。格局跟模具，還有設計的均衡性都非常重要。

打扮跟生活習慣也是美女的重要條件

內部裝潢的調和跟小配件的篩選也很重要。可以一邊計劃一邊思考主題。

日常的保養將影響老化的程度

生活習慣不好很快就會變醜，老化也較為迅速。委託人對建築物的使用方式跟維修也很重要。

CG提供：安心計劃

※翼牆：往室外凸出的小牆

如何掌握委託人對內部裝潢的喜好

跟這種主題有關的基本理論，是詢問委託人對地板的材質的喜好。許多人對於地板的材質，都擁有明確的主見。這大多可以用①松木／蒲櫻木／杉木系列、②柚木／海棠木系列、③橡木／柳木系列等，3種傾向來套入。

接下來的重點，必須從參考資料之中讀取。初期進行討論的時候，不少委託人會攜帶刊登著他們喜愛的咖啡廳或飯店的各類雜誌，此時要詳細聽委託人述說，他們對於照片中的哪些部分感到「喜愛」。如同下圖這樣，就算是同一張照片，也會有各種觀點存在。對方並非這方面的專家，要慎重且詳細的判斷他們所要表達的內容。如果能在初期階段就取得共識，後續作業就會進行的比較順利。

用過去的案例來消除不安

在討論內部裝潢的時候，一定會登場的日錄跟樣品，理所當然

關注的部分會隨著委託人而不同

在詢問委託人喜歡什麼樣的氣氛時，可以請對方提供自己喜愛之空間的照片。但是對同一張照片，每個人觀察跟思考的部位並不相同。我們的目標不是設計出與照片相似的空間，要詳細詢問對方喜歡照片內的哪些部分，掌握對方真正的興趣跟追求的目標。另外，按照對方的指示直接將照片內的設計進行移植，很可能會讓空間變得不三不四。如果能先理解其中的特徵，以適合這個案件的方式來重現，則可以一方面回應委託人的要求，一方面創造出充滿調和的空間。

A小姐（喜歡色澤跟氣氛）

- ■想要有符合女孩子氣氛的可愛房間
- ■喜歡柔和的光線給人的感覺
- ■牆壁跟天花板用像這樣的乳白色最好
- ■想要跟這張照片一樣花色的窗簾

B小姐（喜歡小配件）

- ■想要擺紅色的椅子
- ■想在牆上貼各種海報
- ■想要使用像這樣的床單
- ■想在窗邊擺放許多裝飾品

C太太（喜歡格局）

- ■房間大小差不多像這樣
- ■希望有整面的窗戶，一部分使用霧面玻璃
- ■窗邊最好要有大型的櫃台
- ■床頭要稍微暗一點

D先生（喜歡設備與機能性）

- ■照明要用LED落地燈
- ■煙霧感測器要精簡
- ■想要有可以釘上各種物品軟木板
- ■開關要裝在不顯眼的部位

的，絕對不可以用目錄來挑選表面完工的材質。

特別是木材。許多場合就算是同樣的樹種，也可能形成完全不同的氣氛，一定要直接跟預定使用之產品的製造商索取樣品。另外，不光是外表，氣味跟感觸也都是重要的情報。這些部分如果不符合委託人的喜好，都可能無法得到認同，所以必須用樣品來進行確認。

我們也會讓委託人確認過去經手的案件。可以跟當下的成屋或大型建商所推動的建案做對照，確認是否有什麼已經過時的要素。

首先確認老化跟維修的狀況。實木地板＋表面塗裝上漆完工狀況是否沒有問題、廚房作業台之表面的損傷跟污垢到什麼程度、沒有框的門窗跟沒有收邊條的結合部位是否有損壞等等。

關於使用起來是否方便，一樣可以詢問過去的委託人。廚房位置的規劃跟水龍頭等金屬零件使用起來的感覺、沒有把手的門開合起來的感覺等等。

在大多數的場合，委託人都會很自然的提出問題，但也有像結合部位的感覺等，使用者本身也沒有去留意的部分。可以由設計者主動引導，來確認使用上是否有問題。在這個階段找出問題並事先預防，才是聰明的作法。

讓委託人看過去的案例時，必須確認之項目

如果採用跟一般住宅不同的規格或裝設手法，不少委託人都會擔心是否會因為這樣而產生問題。盡量讓對方看到完工之後的實際狀況與細節，來確認這種規格所能得到的效果跟使用狀況。如此可以分享同樣的完成圖，事後被抱怨的機率也大幅降低。

確認牆壁收邊條的有無或形狀
讓對方想像實際的效果跟兼具什麼樣的清潔效果。

實木地板
讓對方確認腳底的感觸、尺寸的穩定性、色澤的統一性、表面塗裝上漆後的保養。

格局
沒有隔間的寬敞空間或是挑高、天花板的高度。讓對方體會用門窗隔間之後的空間。

門窗
大小、板狀材質、軌道開關的狀況。門窗框的收納、做為拉門與牆的滑動門等等。

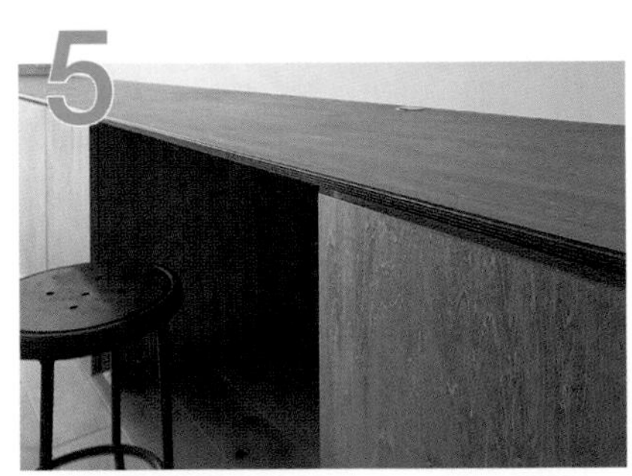

家具
把手的形狀、板狀材質的完工狀況、門的開合、桌面高度等等。

牆壁的完工材質
壓克力乳膠漆、油性塗料、灰泥牆、壁紙等等的感觸與髒汙的程度。

照明器具
整體的氣氛、種類跟亮度、調光、人體感測器的效果。

廚房
桌面的材質跟廚房的類型、大小、流理台的尺寸、排水孔蓋的形狀、洗碗機等等。

樓梯跟手把的形狀
如果樓梯的造型比較特殊，要確認是否好爬、是否會產生恐懼感、扶手好不好握等等。

內部裝潢的大原則 1

從格局來思考內部裝潢 實現具有包容力的空間

對內部裝潢來說 好的格局跟壞的格局

好的格局

讓LDK※一體成型來減少隔間用的牆壁，將走廊也合併在一起。創造出寬敞的氣氛，並感受到家中其他人的存在。每個房間設置2個以上的出入口，實現洄遊性的同時也讓視野敞開，讓風跟光線流動。

壞的格局

隔間用的牆壁將各個房間分隔開來，通風狀況不佳，讓房間內形成陰暗的氣氛。不但需有長長的走廊，而且通道的盡頭也多，難以形成精簡的家事動線。

＊LDK＝Living Dining Kitchen，客廳、飯廳、廚房

要實現先前所提到的「具有包容力的空間」，格局將扮演關鍵性的角色。讓我們以簡單的方式來進行說明。

首先要像左頁中央這張圖一般，劃分出公共區塊與私人區塊，接著有效率的排列出各個區塊的動線，務必力求精簡。

接下來像右頁**上圖**這樣，讓內部擁有洄遊性或是可以穿過的部分。若是可以創造出讓視線穿越到遠方，看不到動線盡頭的構造，則可以得到寬敞的氣氛。更進一步的透過洄遊性的動線來移動到各個位置，則會產生更多的視野，讓人體會到內部裝潢的豐富性。

再來所要思考的是如何整理出「必要的物體」，並且將「不必要的物體」省略。

「不必要的物體」指的是翼牆跟垂壁。這些不但會阻礙到空氣、光與視線的流動，而且就格局的構造來看，沒有會比較好。同樣的，牆壁的收邊條與天花板的線板如果能夠省略的話，視覺上會比較容易整合。打開時的門窗，也容易成為模稜兩可的存在，要設計成可以完全收到牆壁內，或是跟牆壁一體化。

下一步則是從「必要的物體」之中，區分「想讓人看的物體」跟「不想讓人看的物體」。前者要當作空間的點綴來進行活用，後者則是盡量的隱藏。

「想讓人看的物體」是架構跟足以成為點綴的牆壁、樓梯、系統廚具、擺設型家具、照明等等。基本上會像左頁**上圖**這樣，擺到結構的方格圖上。一旦擺到方格圖上，家具跟照明器具就會開始成為空間的點綴。

除此之外還要像左頁下圖這樣，對開口的部位好好進行檢討。

內部裝潢要以等間隔來排列 把家具跟照明器具擺到方格上。

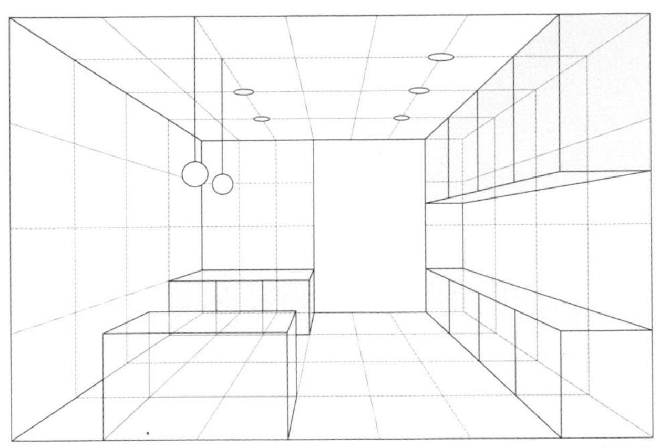

不要事後再按照現場的狀況來配置收納跟照明，以各個部位的尺寸跟構造的骨骼來決定基準，將計劃案擺到方格上，然後把家具跟照明器具排列上去，規劃出整齊的空間。

固定式的家具跟門窗、落地燈、間接照明的位置等等，全都擺到方格上來進行規劃的案件。餐桌的位置尚未決定，因此選擇燈用軌道。

機能性的排列房間 把公共／私人的區塊分開來規劃。

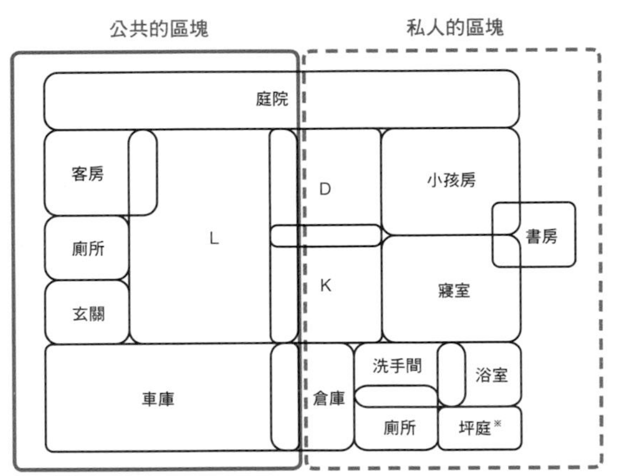

分成公共與私人的區塊，將可以排在一起的房間擺在一起。客廳與飯廳是聯繫各個房間的要素。走廊少一點會比較有效率。

將客廳兼飯廳、寢室兼和室連在一起的案例。地板較高的和室為私人空間，用大型的拉門或格子門來區隔。

裝設窗戶的方式會改變內部裝潢 窗框與門框的處理將大幅改變呈現方式。

天花板較高的房間，景色雖然不變，天空的存在感卻會更進一步影響到內部裝潢

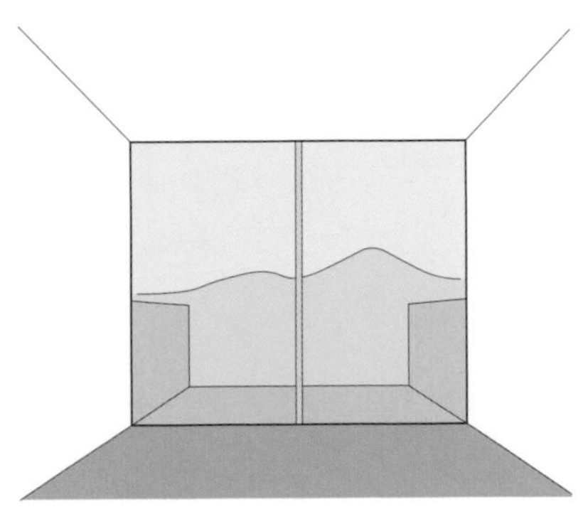

把窗戶開口推到天花板跟牆壁的邊界，外框埋到牆內的案例。視野非常的寬廣，牆壁跟天花板也不會形成陰影。窗簾軌道也埋進天花板內部

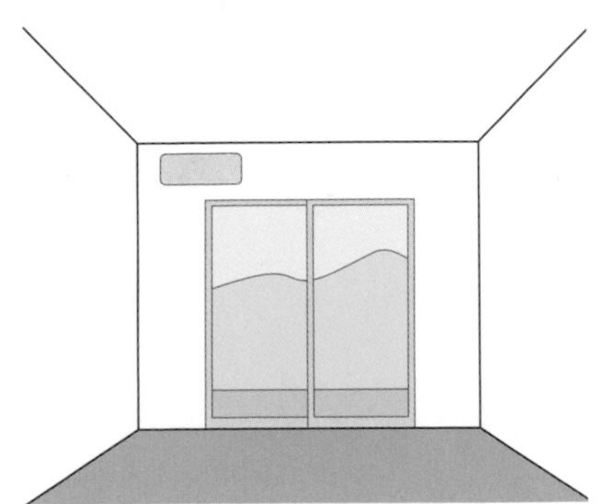

使用一般窗戶的案例。視野變得較為狹窄，牆壁跟天花板也會形成陰影。窗簾的軌道跟冷氣都會出現在視線內

＊坪庭：迷你的中庭

統一天花板的高度 創造寬敞的氣氛

用地板的高低落差機能性的區分場所

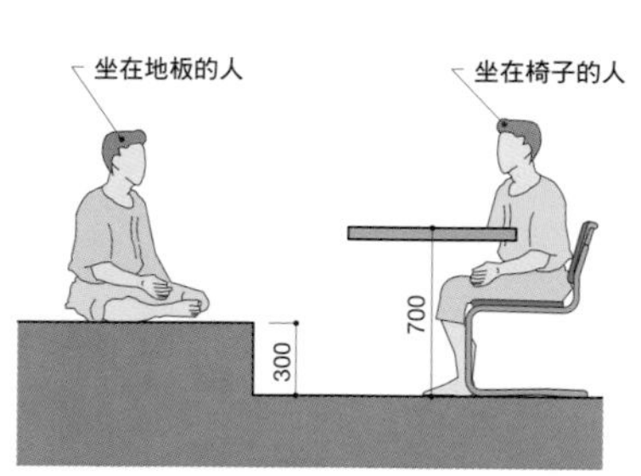

將鋪設榻榻米的台座調整為30㎝左右的高度，讓視線的位置跟坐在椅子的人相同。把一部分的地板挖深來設置暖桌，以此取代沙發，也是頗受歡迎的方式之一。

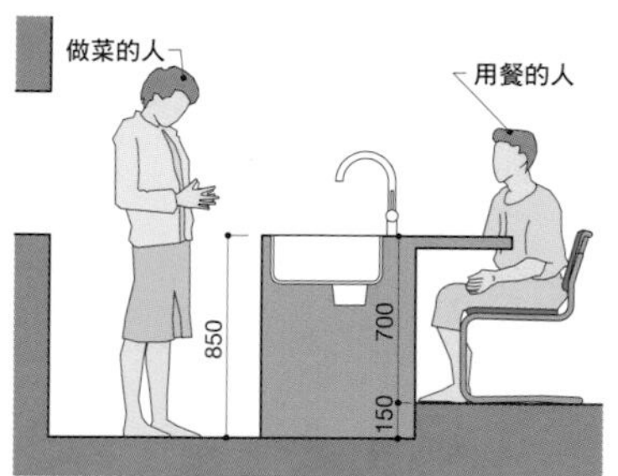

廚房櫃台兼具餐桌的場合，可以讓廚房的地面比用餐區塊更低15㎝左右。兩者之間的高低差可以用斜坡來解決。

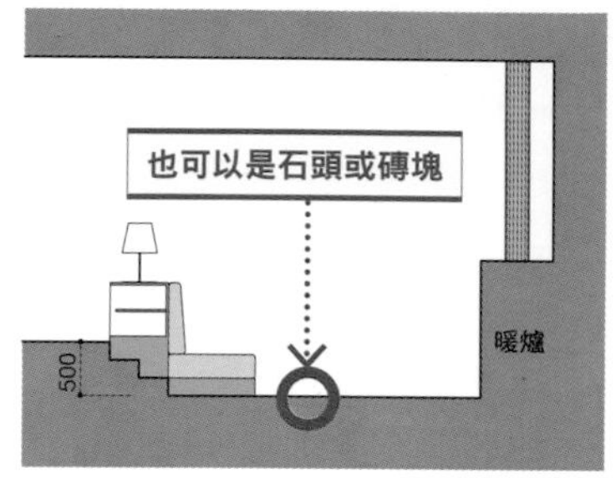

利用高低落差來設置沙發，形成被包圍起來、氣氛沉穩的客廳。有時也會用室外的地面來當作客廳地板，設置暖爐或燒柴的暖爐。

天花板的高低落差必須是可以被活用的設計

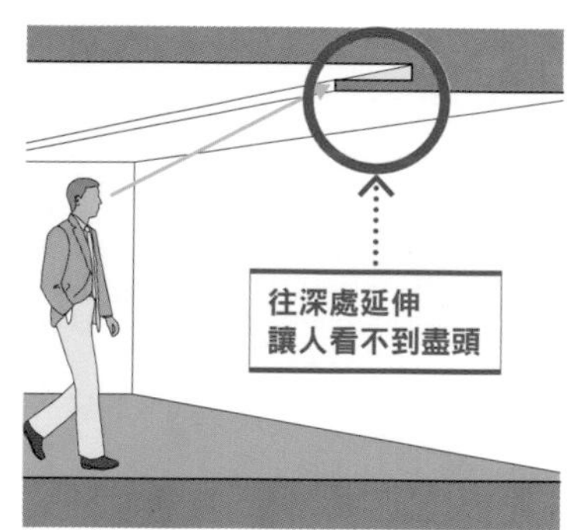

讓天花板以水平的角度往內延伸的設計。避免讓人看到深處盡頭，以形成寬敞的氣氛。也可以在縫隙深處設置間接照明。

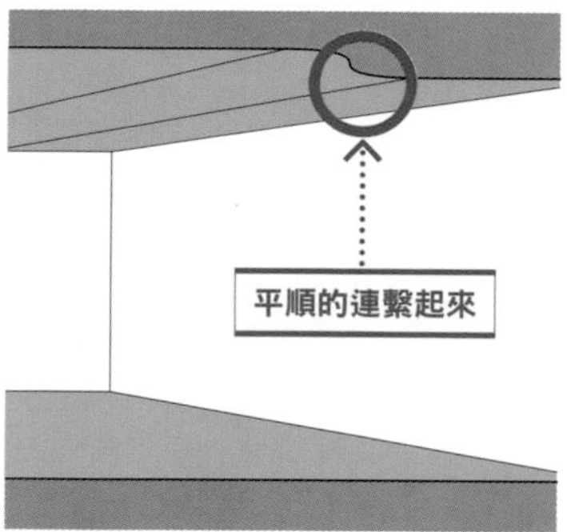

將哥本哈根肋條※等高低落差平順的連在一起，可以透過光的漸層，讓空間給人溫和的印象。

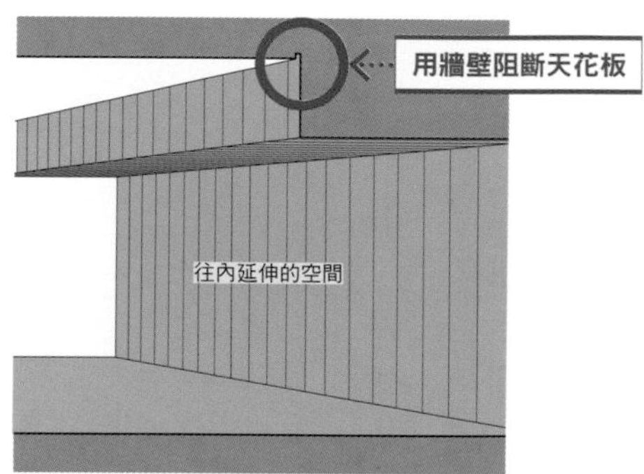

天花板的高低落差比較大的場合，可以採用縱向的設計，讓牆壁看起來是往上方延伸，或是讓凹陷的部分成為另一個空間。

要讓延伸出去的氣氛視覺化，天花板的處理方式會非常的重要。連續性的天花板，可以讓人感受到空間的伸展性。反過來看，被垂壁所分隔的空間、各個房間天花板的高度或表面材質沒有統一的話，則很難形成寬敞的氣氛。

最近比較常見的將LDK合併成One Room※的設計，也必須重視空間的連續性。最好用同樣的高度跟材質來將天花板統一。

設在客廳一角的小型和室，有時會在空間的邊界裝上門窗，此時如果能設置欄間※的話，則可以讓人看到隔壁空間的天花板，形成寬敞的氣氛。此時的重點是調整欄間的開口（尺寸），避免讓人看到遠方的牆壁。要是位在盡頭的牆壁出現在視線內，寬敞的氣氛馬上就會消失。

就實際狀況來看，基於上方樓層的設計跟設備管線的問題，天花板的高度不一定都在我們的掌控之中。對於天花板的處理方式，我們整理在右頁的下圖。其中最能有效應用的，是讓天花板以水平的角度往內延伸的設計。在這個部分裝設間接照明，很容易就能形成視覺性的效果。也能將此處整個空間，當作照明計劃的一部分。

另外，就算是LDK的空間併在一起的案件，如果廚房位在深

※哥本哈根肋條（Copenhagen Rib）：設有木製長條，具吸音效果的板材
※One Room：由複數房間合併的單一大型空間
※欄間：位在和室邊緣，從天花板垂下來的格子窗

將2樓地板擺在南邊的場合

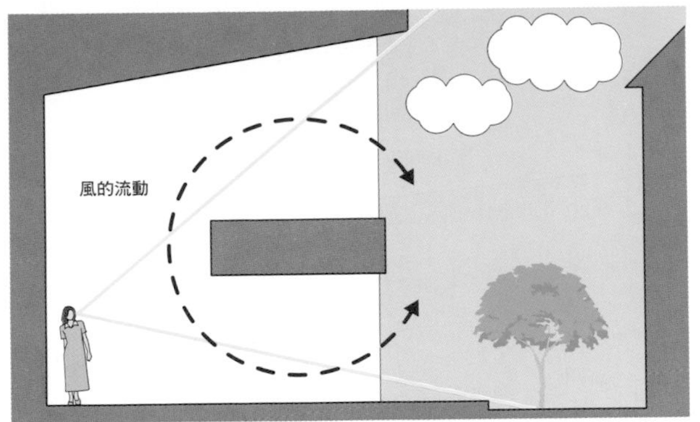

視線被分隔成水平與天空兩個方向，如果正面景觀不佳，這將是有效的設計。風跟光可以循環到北邊，讓人意外的，形成開放性的空間。

將2樓地板擺在南邊的案例。窗戶雖然被分成上下兩邊，但光線還是可以照到房間北側。天花板沒有設置垂壁，往深處的房間延伸，形成寬敞的氣氛。

將2樓地板擺在北邊的場合

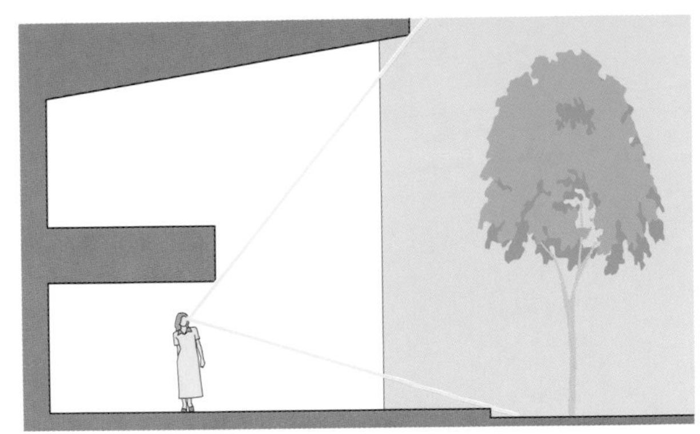

從下往上的視線不受阻礙，外側的景觀將影響到內部裝潢，北邊有往內延伸的空間存在，形成兼具緩急明暗的空間。

本格局的挑高構造，將廚房擺在深處天花板較低的位置。利用上下較長的窗戶，來向附近的樹木借景。可以活用高低落差的變化，讓樓梯做有效的呈現。

處，由於視覺不連貫，只有廚房的天花板比較低，也不會讓人在意。反過來說，如果因為油煙的關係不得不降低廚房的天花板時，可以將抽油煙機還有相關設備擺在比較深處的位置，這樣就不會影響到空間的連續性。

調整地板高度的有效性

就算是開放性的格局，有時也會想要區分出特定場所的「領域」。此時可以像右頁上圖這樣，天花板雖相連，但是降低地板的高度，以機能性的方式做區分。這種方式還可以調整視線或作業台的高度，就整合家具機能的觀點來看，也是有效的作法。

另外，如果在空間的一部分做挑高時，相反地，天花板高度的延伸性將成為重點。讓必須降低的部位，一口氣降到2公尺左右的高度也是很有效的方式。這樣可以強調從天花板較低的空間，進入較高的空間時所能得到的解放感，樓梯等想要讓人看到的要素也更具象徵性。

在這種場合，重點一樣是挑高的部位不要裝設垂壁，讓天花板能夠連在一起。另外則是像上圖這樣，如果能按照周圍的環境來調整挑高跟窗戶等開口的位置，則可以巧妙的將景色融入裝潢的一部分。

內部裝潢的大原則 3

調整地板材質的色調來當作裝潢表面的材料

整合內部裝潢的時候，表面完工材質的組合非常重要。用來渡過每一天的住宅，除了不會讓人感到厭煩的設計之外，還必須思考耐久性的問題。因此基本原則，是將耐用年數跟老化傾向相似的材料組合在一起。隨著時間經過，一起塑造出沉穩的氣氛，重新裝潢的時期也能湊在一起。很自然的會以實木地板為首，環繞在木材跟石頭、金屬、紙張等材料身上。

接著來看組合的方式。第一個要決定的，是地板材質。這是因為委託人對此，大多抱持有明確的意見。最近的住宅幾乎都是使用木質地板，所以要先決定樹種。以這個顏色跟質感為基礎，來決定牆壁跟天花板的顏色。

牆壁跟天花板大多是統一使用白色，但必須配合地板的顏色跟氣氛，來調整白色的感覺。地板材料如果是橡木或櫟木等黃色比較濃的木材，牆壁、天花板也要稍微偏黃色。如果是海棠木或蒲櫻木等紅色較強的木材，則可以稍微偏向紅色。另外，純白色會形成比較強烈的倒影，如果反射出天空的藍色，跟地板材質比較之下可能會形成不均衡的空間。

色調一定要按照「日本塗漆工業會」的顏色樣本編號來進行指定。以此來製作樣品，然後帶到現場實際比對各種材料的顏色跟質感，確認搭配起來是否沒有問題。

隱藏不想讓人看到的物體

顏色的效果另外還有一個重點，那就是像右邊**照片**這樣，讓想要隱藏的物體或設備，不會成為矚目的焦點。基本上會選擇深灰色等跟影子顏色接近的塗料或聚酯樹脂合板。

此時必須注意的重點，在於顏色的選擇。黑色會讓對比太過強烈，反而成為顯眼的目標，基本上要以深灰色來進行考量。

善用深灰色　在想要降低存在感的部分塗上深灰色來融入影子。

讓扶手的存在感消失

扶手的骨架等，設計上希望隱藏的部分可以塗成深灰色。特別是窗戶的框架，要盡量不去影響到風景。

讓百葉窗的補強材料消失

將冷氣百葉窗的內部塗成深灰色的案例。設計上雖然想讓人看到百葉，卻不想被看到內側補強用的材料時，可以將百葉以外全都塗成深灰色。

讓樓板跟管線消失

在鋼筋混凝土的建築物之中，設置和風餐廳的旅館。將露在表面的木頭架構塗成棕色，主要結構跟設備的管線等全都塗成深灰色，讓人完全不覺得是在鋼筋混凝土之建築物的內部。

從地板的材質來看內部裝潢的傾向

地板

杉木

使用較厚的實木地板。冬暖夏涼、柔軟且腳底的感觸良好，但容易受損。討厭節眼的人不在少數，一定要拿樣品來跟委託人確認。

海棠木、柚木

許多品種都比較不容易受損，但腳底的感觸較硬，要注意委託人的喜好。低等級的品種色澤比較不均勻，意外性的會給人比較粗獷的厚重感。

松木、蒲櫻木

喜愛北歐風格或無印良品的人常常會使用。蒲櫻木沒有什麼強烈的特徵，松木有節眼存在，給人比較粗獷的印象。價格較為低廉。

橡木、柳木、樺木

在實木地板的表面塗裝上漆的自然工法，在最近似乎比聚氨酯更受歡迎。許多會稍微上點顏色來調整色調。

牆壁

熱石膏或壁紙

白色塗料或壁紙、凹凸較少的熟石膏等等，大多會採用精簡的造型。牆壁收邊條、天花板線板、畫框等配件，可以增加木頭的成分。

表面粗糙的灰泥牆

不少人會追求沉穩的氣氛，可以跟表面粗糙的土色灰泥牆搭配。也能跟白色牆壁組合，營造渡假飯店般的氣氛。

壓克力乳膠漆或壁紙

大多跟白色的牆壁組合，壓克力乳膠漆跟Runafaser（日本的壁紙製造商）的壁紙也常被使用。建議選擇自然且廉價的修繕方式。

略帶表情的白色塗料

與其使用純白色，不如選擇略帶米色或稍微偏離白色，讓人感受到復古氣氛的色澤。也常常會跟白色還有暖灰色（Warm Gray）的牆壁組合。

玄關、土間※

洗石子

有不少人會喜歡和風那種整潔的空間，建議使用洗石子，或是淺灰色烤過的花崗石。白河石等日本的石材也很好搭配。

洞石、板岩

希望能有厚重的氣氛時，建議使用長年代加工過的洞石，或是色澤較為濃厚的板岩。若想得到渡假飯店般的氣氛，也能使用表面光滑的米色大理石。

陶磚

活用自然材料，氣氛溫和且明亮的住宅內，可以用沒有上料的陶磚來當作地板。吸水性高，髒東西也容易被吸入，必須要有抗生物塗料等防污對策。

灰色系石材

雖然貼上顏色較為深濃的石材，但設計傾向於較低的對比，因此搭配灰色系的板岩或烤過的花崗岩、鏝刀修繕的水泥。

＊土間：沒有鋪設室內地板或屬於室外的地面，可以讓人穿鞋進來的部分

牆壁收邊條／天花板線板 要突顯還是去除，清楚分明

各個部位的細節，會對整體的印象造成很大的影響。一般來說，將裝飾板條省略來進行調整，會比較容易將整體的印象整合起來。

首先是天花板線板，基本上採用單純貼合※的工法。牆壁跟天花板如果採用油漆或壁紙，不會有什麼問題。但如果是灰泥等容易裂開的材質，或是灰泥跟壁紙等異類材質的組合，最好還是裝上FUKUVI（FUKUVI化學工業）的F型裝飾板條，將結合面區隔開來會比較安全。天花板距離視線較遠，因此縫隙也不會那麼顯眼。

關於牆壁的收邊條，最簡單的是讓石膏板直接與地板將接的裝設方式。使用這種設計時，跟地面相接的下方石膏板，必須採用強化石膏板。根據過去的案例，這種方式也能漂亮的結合，外觀上沒有問題。左頁整理出幾種較為常見的手法。除了牆壁的收邊條之外，還有牆壁外側轉角或門窗外框等實用性的裝設技巧。

呈現的時候大膽進行

想要得到厚重或復古式的氣氛時，則必須強調裝飾板條的存在。此時採用比門窗外框25㎜、表面板材40㎜、牆壁收邊條60㎜等一般正面尺寸還要更大的外框或收邊條，會比較有趣。

另外，想要突顯現收邊條的時候，會採用跟地板相同的材料。市面上雖然有販售適合柚木與櫟木等的收邊條的尺寸，但海棠木跟胡桃木卻相當稀少，會用塗料來搭配地板的顏色。

收邊條、門窗外框、天花板線板等確實裝設的案例

跟門窗一起，尺寸較大的收邊條跟門窗外框，都塗成跟地板相似的顏色，給人復古風格的濃厚氣息。天花板線板被塗成白色，讓存在感消失。

收邊條、門窗外框、天花板線板等沒有裝設的案例

使用上方軌道的拉門，並且可以收到牆壁內側。地板雖然是帶有節眼的杉木，因為沒有裝飾板條，還是讓整個空間維持精簡的印象。

※單純貼合（突付け）：只用釘子或接著劑讓材料結合在一起。

隱藏牆壁收邊條、天花板線板的技巧　確保機能性與收納的技巧

沒有使用天花板線板

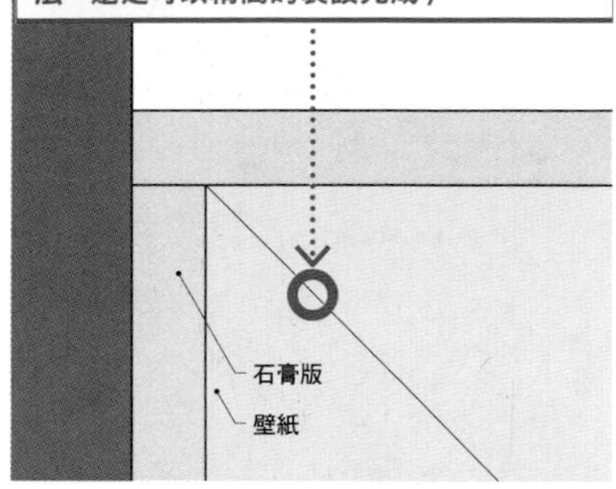

不論是牆壁阻斷天花板，還是天花板阻斷牆壁，不用特地裝上裝飾板條也沒關係。但是像灰泥牆跟壁紙等，表面材料之間的性質有異、必須要多加注意的狀況，得將結合面分開。

牆壁外側轉角

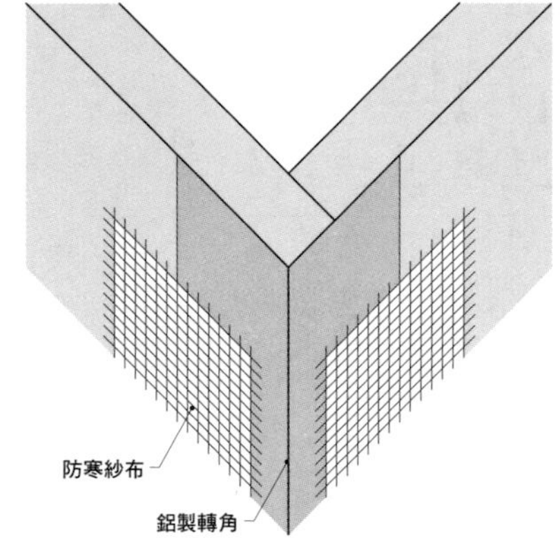

為了強化結構跟確保直線性，必須使用轉角專用的材料。跟聚氯乙烯相比，L型鋁條強度更高，完工後的狀況也比較穩定。

不顯眼的門窗外框

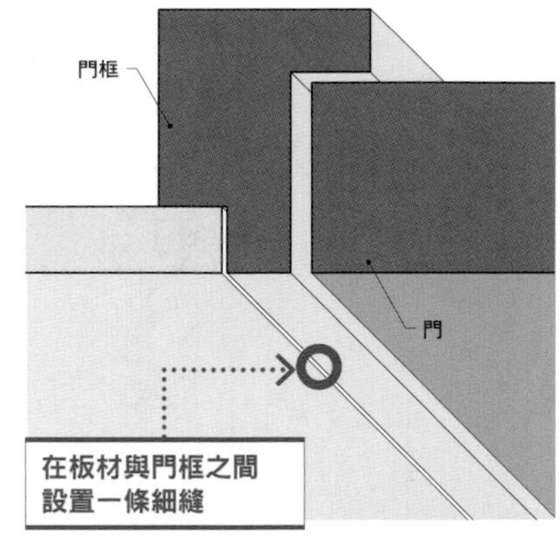

門最好要有門框，但如果在門窗外框與板材之間設置1㎜左右的縫隙，就能降低裂開的可能性。

收邊條跟遮蓋用橫木

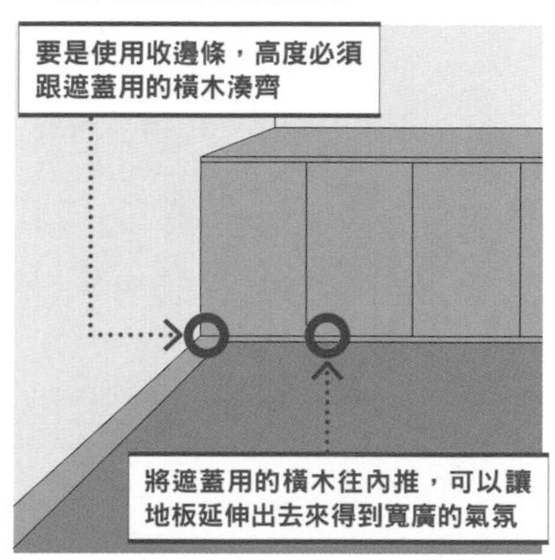

使用收邊條的時候，高度如果能跟現場製作之家具、廚具的遮蓋用橫木湊齊，則可以讓空間維持清爽。另外，刻意增加收邊條的尺寸來讓人看到，也是一種方式。

在這個案例，收邊條跟遮蓋用橫木都統一成5㎝，並塗上較深的顏色。收邊條的部分成為陰影，形成地板延伸出去的氣氛。

無框拉門

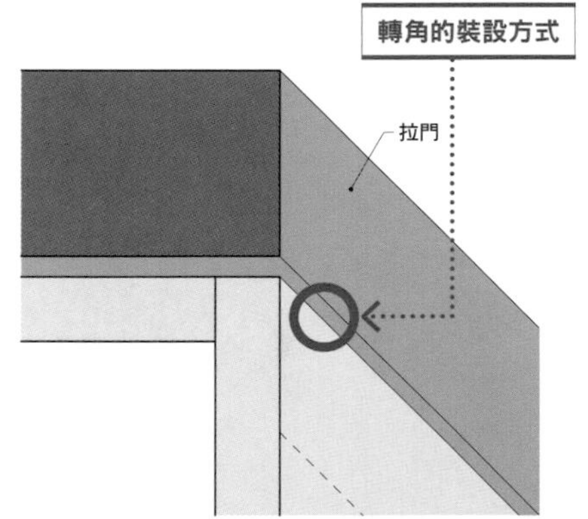

設置拉門的時候，如果採用跟牆壁外角一樣的處理方式，不用特地裝設外框。只要採用上方軌道，就不會影響到地面。

沒有收邊條

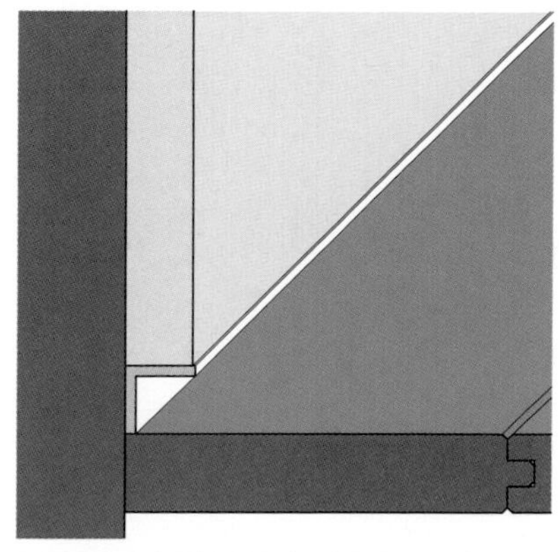

為了防止吸塵器等去撞到，追加了13㎜的L型鋁條。也可以使用聚氯乙烯當作材質，但鋁製品的線條比較銳利。

內凹的收邊條

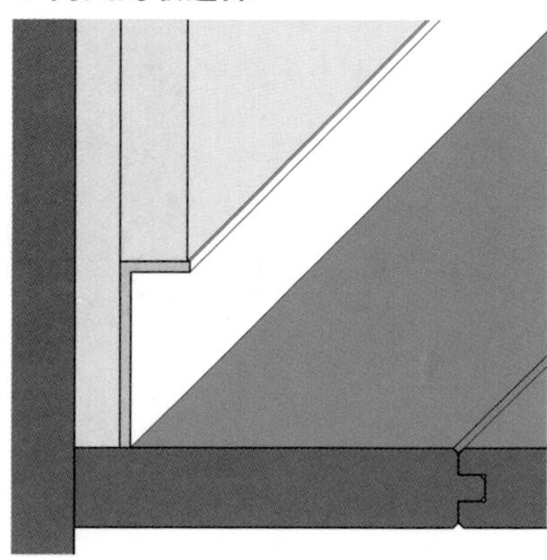

這個案例使用13×35㎜的不等邊L型長條。牆邊的地板如果沒有處理乾淨，會容易產生縫隙，裝上兩層板材會比較容易組合。

開縫收邊條

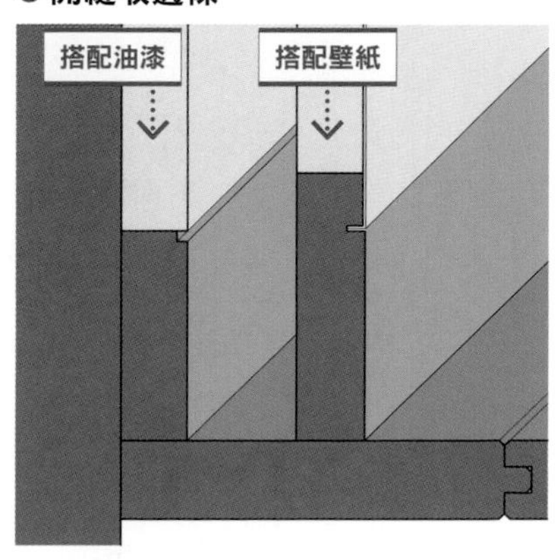

在木製的收邊條開出一道縫隙，裝到同一個面上。跟牆壁塗成同一個顏色就不會太過顯眼。搭配壁紙的話，可以將縫隙開在收邊條上，塞入壁紙。

※縫隙工法（目透かし）：表面板材之間空上3～6㎜的間隔，以免材料的不均衡性被突顯。

廣，使用起來亦相當方便的門窗技巧。

天花板跟牆壁都是現場打造的家具在這之間裝設拉門的案例

在牆壁跟家具之間設置可以收納拉門的縫隙，讓拉門可以完全沒入牆內的案例。裝在門上的鏡子，在關起來的時候讓空間看起來更為寬廣。

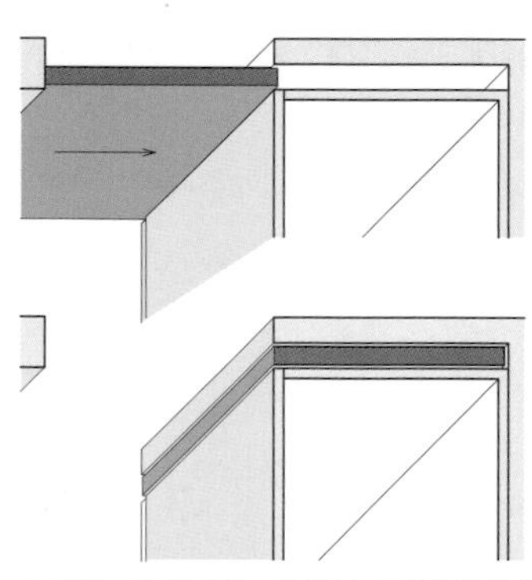

上方照片的結構圖。拉門尺寸設計得剛剛好，打開的時候完全收在牆內。

在天花板傾斜的空間內裝設上方軌道之拉門的案例

在天花板設置拉門軌道用的縫隙，讓拉門的上方軌道沒入天花板內。

沒有設置垂壁，將門打開的時候天花板與隔壁房間相連，讓空間得到伸展性。

拉門貼到天花板的案例

因為沒有垂壁，讓牆壁維持清爽的造型。門板的表面是椴木合板加上OSMO COLOR（日本自然塗料製造商）的塗料。

將拉門打開的樣子。地板、牆壁、天花板與門外連在一起，打開之後成為同一個房間。

5 內部裝潢的大原則

內部門窗一定要現場製作

室內開口所使用的門窗，一定要按照現場狀況來製作。成本雖然比市面上的製品高，但如果是椴木合板的平板門，價錢也差不了多少。可以配合設計來設定尺寸、可以自由調整表面的顏色，再加上現場特製的家具總是有一定的需求存在，建議可以成立相關的體制。住宅之建商會以成品家具為中心來提案，為了區分彼此的特色，讓現場特製的家具成為不可缺少的要素。

室內門板基本的思考方式，是打開的時候讓存在感消失，關起來的時候外觀有如牆壁一般。因此基本上會讓高度從地板到天花板的門，可以收到牆壁內部。外框當然也要收在天花板內，不可以被看到。

應用方式之一，是遇到地板高低差或垂壁的時候，可以將門貼在高低落差上面，讓門在關起來的時候可以形成清爽的空間。

使用上方軌道的拉門讓內部裝潢容易整合

想要整合內部裝潢、維持空間之連續性的時候，建議使用上方軌道的拉門，讓門打開的時候地板可以連繫在一起。但如果使用像灰泥這種容易剝落的表面材質，而家中又有小孩的話，最好在地上裝個小小的制門器。

理想的狀況，是門拉上時看起

現場打造的家具讓內部裝潢得到清爽的氣氛 不但能讓內部裝潢更顯寬

打開的時候 有如牆壁一般的拉門

裝設尺寸跟牆壁相同的拉門。房間內外的地板相連，在打開的時候，給人隔壁房間也是同一個空間的印象。

關到一半的拉門。分割成兩扇門，讓開口處成為縫隙，可以進行適度的換氣。沒有使用門框、制門器、門檻等會讓人聯想到門的設備。

關起來的拉門。感覺有如板狀的牆壁一般，門的寬度可以按照想要遮住的面積來調整。

上方照片之兩扇拉門的開合模式

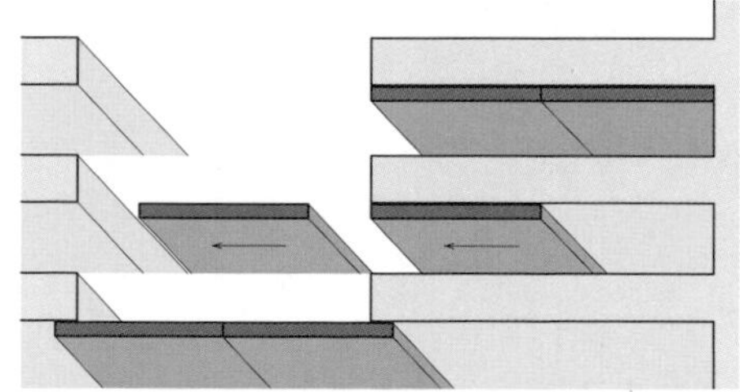

思考拉門尺寸的時候，會以打開時的收納狀態為基準。把門分割的時候，也要注意是否需要防止擺動的構造。

設置兼具手把機能的縫隙 以黑竹裝飾的案例

周圍是用椴木合板加上OSMO COLOR的塗料。拉門打開是黑竹的格子，讓人可以事先預測。

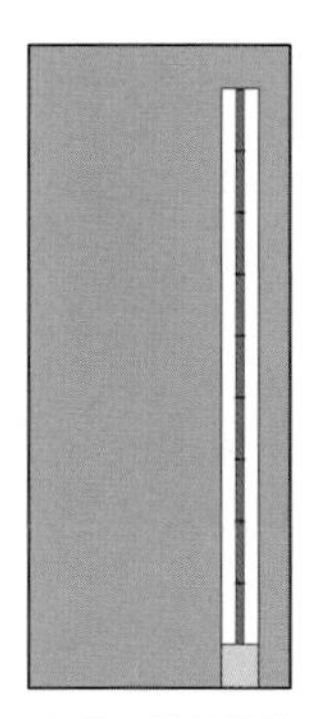

上方照片的正面圖。縫隙的竹子下方貼有不鏽鋼。

把門窗貼上 將高低差遮住的案例

就算地板或天花板有高低差存在，只要把門板貼上，就不會讓人感到在意。此時高低差豎板的表面材質，最好跟地板相同。

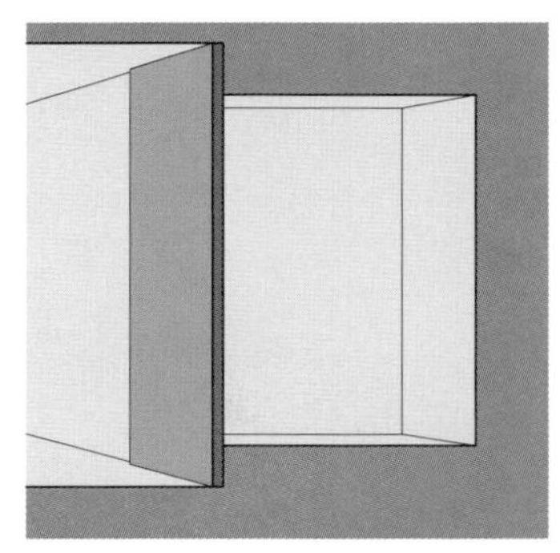

上方照片的圖，把門關起來時態可以將高低差遮住。

來就像牆壁一樣，因此盡量不裝手把。開關時所觸摸的部分容易髒汙，表面一定要上護木油。就算如此，隨著木材顏色的不同，手的污垢還是有可能會變的明顯。如果顏色較為明亮的話，最好還是裝個小小的把手。也可以開條縫隙來當作把手。

表面材質的色調，基本上要配合木頭地板的顏色。預算要是足夠，可以用同樣種類的木材製作薄片來貼上，沒有辦法的話，基本上會用椴木合板來油漆。另外，門窗所使用的膠合板因為尺寸規格的關係，高度超過2400㎜會變得相當昂貴，要多加注意。遇到這種狀況，分成兩片來設計或許會比較實際。

照明對住宅之內部裝潢的重要性

此案例的LDK一邊將燈用軌道上的投射燈當作主要照明，一邊在現場打造的家具裝上間接照明。

使用家庭劇院的時候，會讓沙發上方的投射燈進行調光，來照亮觀賞者的手邊。

就視覺性的效果來看，老手與生手最容易產生落差的部分，是照明。最近的委託人，會想要將商業空間的體驗帶到住宅內，為了回應這種要求，必須擁有照明設計的關鍵技術（Know-How）。

首先來複習一下裝潢設計之中照明的效果。第一點是表現出高級的氣氛。創造陰影、調整色調讓空間產生明暗，家具跟小配件也能更加美麗的呈現。就算是同樣的空間，好比渲染前與渲染後的電腦影像一般，會產生很大的落差。

另一點則是透過照明效果，將不想讓人看到的物體隱藏起來。擁有強烈生活感的各種持有物品，我們可以將這種區塊的照明調弱，休閒的時候就不用去在意它們的存在。視覺性的效果也會影響到精神。巧妙設計的明亮環境，可以讓身在此處的人放鬆，也能一口氣提高委託人的滿意度。

要得到這些效果，並不需要高級的照明器具。就提高裝潢品質來看，照明擁有非常優良的性價比。

這種被稱為多燈分散的照明方式，就如同名稱一般，是將必要的照明分散在需要的部分，以此進行配置。

跟一般住宅那種，以單獨的天花板燈來照亮房間每個角落的方

裝在沙發上方的落地燈。光源採用對比較低的反射燈泡。

把裝在天花板邊緣的螢光燈當作間接照明。透過調光可以得到相當的亮度，適合用來作業。照亮廣泛的天花板面積，也能成為整體照明。

崁燈、間接照明、投射燈、落地燈多燈分散照明的LDK

裝在廚房櫃台上方的投射燈。可以改變亮度跟照射的方向，靈活的變通來對應各種狀況。

地板燈是有效的補助照明，還可以營造氣氛。必須事先想好插座的位置。

拍攝：渡邊慎一

式，形成明顯的對比。

分散開來配置，會讓照明器具的數量會增加，但是以小型且廉價的款式為中心，初期成本並不會增加太多。反而是細分化的照明，讓居住者可以在生活中將不必要的光源關起來，更容易得到省電的效果。

以照明美麗呈現內部裝潢的基本技巧

在此對身為基本的多燈分散型照明，進行簡單的說明（**下圖**的解說以間接照明為中心）。首先擺上能夠確保整個空間最低限度之亮度的照明。我們把這稱為「基礎照明」。比較常使用的，是能夠讓環境得到均衡亮度的落地燈或間接照明。崁燈會讓天花板變暗，因此也容易讓空間產生明暗。

在這個「基礎照明」上面，「加上」以其他各種用途為目的的光源。可以想像成女性在化妝一樣。首先是機能性的照明。照亮狹小範圍的投射燈，算是其中的代表。煮飯時照亮手邊的燈具，位在餐桌上方、讓餐點看起來更加美味的照明等等，都可以用投射燈來當作光源。對於各種目的選擇合適的光源，可以讓效果更為彰顯。比方說寢室或洗手間須要的光線較為柔和，此時可以像左頁**照片**這樣，「加上」間接照明等，與用途相符的光源。

客廳兼飯廳的間接照明　利用天花板的高低差

這份客廳的多燈照明組合了燈用軌道、天花板邊緣的間接照明、吊燈。

在天花板邊緣的縫隙，裝上燈泡色的連續型長條螢光燈。加上專用的調光器，可以實現調光機能。

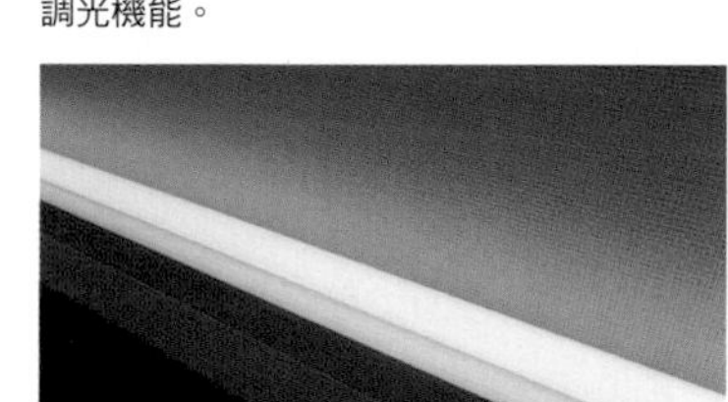

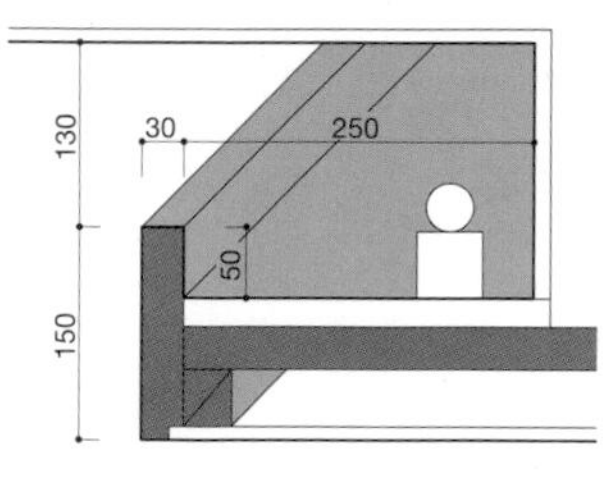

天花板邊緣裝設間接照明之部位的截面圖。要注意開口的尺寸，不可以讓照明器具被看到，只露出光線。

廚房的間接照明　基本方式是在櫃子下方裝設螢光燈

在懸掛式櫥櫃的底部，裝上光廚房崁燈的案例。廚房的表面材質為美耐板，櫃台周圍的牆壁則是不鏽鋼。

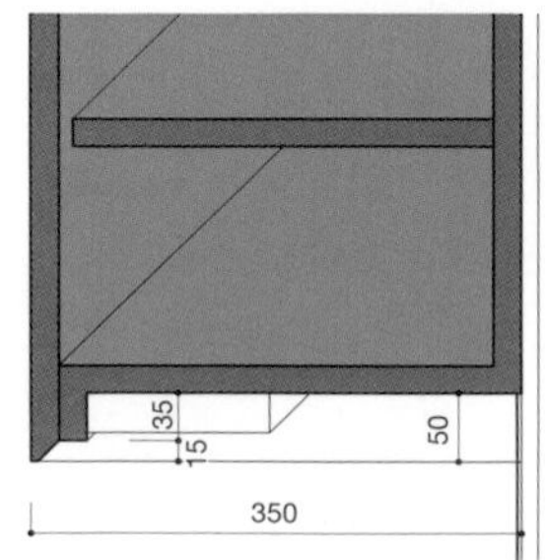

懸掛式櫥櫃的截面圖。用櫥櫃門或家具的底板遮住，讓光源在表面看起來不會太過顯眼。

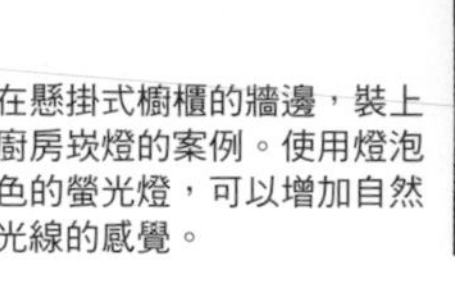

在懸掛式櫥櫃的牆邊，裝上廚房崁燈的案例。使用燈泡色的螢光燈，可以增加自然光線的感覺。

另一個用途則是演出（創造氣氛）。最能展現氣氛的場所，是客廳等用來休閒的地方。施工時一併打造的家具上所裝設的間接照明，將可以在這方面發揮效果。另外則是使用狹角的崁燈或投射燈，只將沙發周圍照亮，並降低周圍的亮度來強調光線的對比。要是對準咖啡桌上的玻璃杯，可以讓玻璃杯的杯口閃閃發亮，享受非日常性的氣氛。

用調光器來回避委託人的抱怨

在設計多燈分散型的照明時，避免委託人事後抱怨的重點，在於採用調光器。每個人對於光線的感受，有相當程度的落差，有些委託人對於不曾體驗過的照明環境，會只用一句「太暗」來拒絕。因此先採用瓦數較高、較為明亮的光源，再用調光器降低亮度來使用會比較現實。大部分都會在不知不覺之間，換上比之前瓦數更低的光源來使用。

另外，光源會以某種頻率來進行更換，最好不要使用太過特殊、難以補充的款式。使用LED的照明器具，雖然已經進入實用範圍，但還處於發展途中，最好是選擇已經漸漸普及的燈泡型LED。

寢室的間接照明 透過調光器來用在不同的用途

在床鋪旁邊的牆壁設置壁龕，內側頂部裝上照明的案例。淺桃紅色的灰泥牆，讓整個壁龕看起來像是照明器具一般。

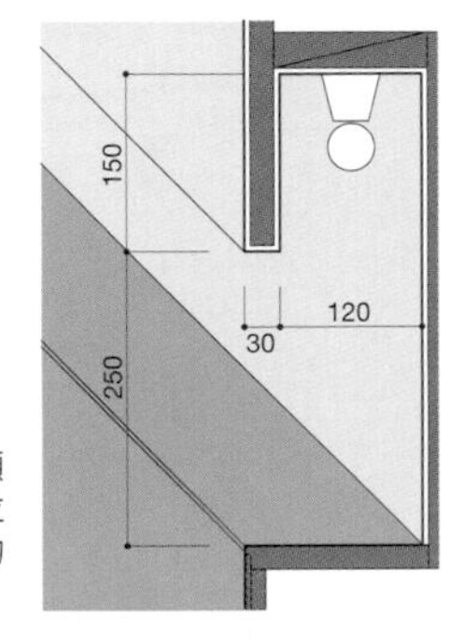

左邊照片的截面圖，兩顆白熱燈泡併排，另一顆位在內側。2顆燈泡位置的均衡性，也是很重要的因素。

可以當作裝飾櫃的照明，透過調光機能，也能當作就寢時的常夜燈。

洗手間的間接照明 在鏡子面前將臉部美麗的照亮

除了照亮臉部的主要照明，還在鏡子內側小型收納的上下，設有間接照明。

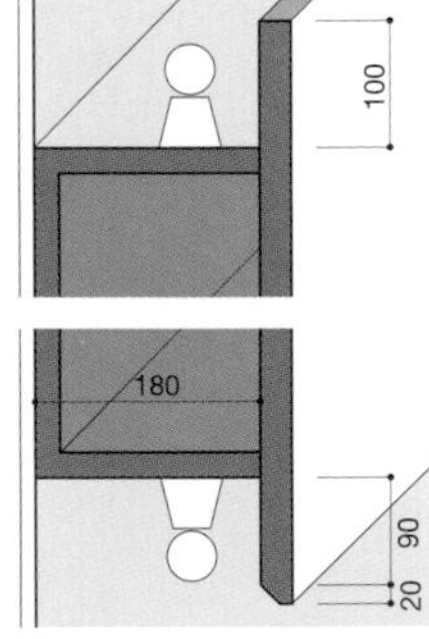

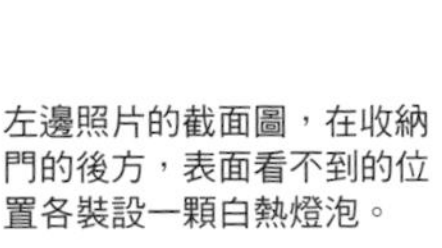

左邊照片的截面圖，在收納門的後方，表面看不到的位置各裝設一顆白熱燈泡。

牆上的鑲嵌磁磚被照出來，形成熟柔和的氣氛。

玄關的間接照明 用寬敞的感覺表達款待的心意

在鞋櫃設置2種間接照明的案例。分別用不同的開關控制，可以讓人享受到不同的玄關氣氛。

將鞋櫃下方的空間空出來設置間接照明，看起來就像是地板連到內側一般，創造出延伸出去的感覺，減緩狹窄的玄關所造成的壓迫感。

● 鞋櫃下方的間接照明

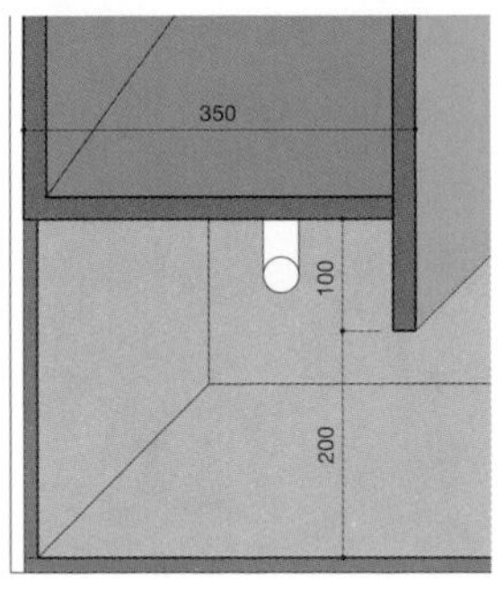

● 櫃台的間接照明

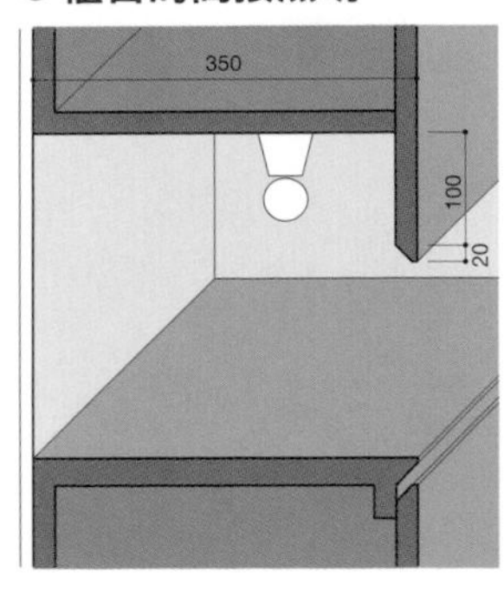

在鞋櫃的一部分設置開放性的櫃台，並在此裝設間接照明的案例。除了當作裝飾櫃，還可以是暫時擱置鑰匙等物品的場所。

不會失敗之照明計劃的重點

投射燈　原本是照亮狹小範圍的燈具，但很好應用

天花板內側空間不夠而使用投射燈的案例。也可以用來照亮畫軌上的繪畫。

在細長的客廳兼飯廳，裝設直線型的燈用軌道，讓家具的擺設位置不受限制。

吊燈　用來呈現光源造型的器具，挑選時要多加注意

周圍環境採用精簡的造型，突顯吊燈給人的印象。照明器具會改變內部裝潢的氣氛，必須謹慎的挑選。

在陶瓷的燈座裝上反射燈泡造型精簡的吊燈。主張不會太過強烈，能夠融入東西洋等各種空間之中。可以進行調光，從一般照明到常夜燈都可以勝任。

崁燈　也能成為照明計劃之基礎照明的燈具

裝在浴缸上方的崁燈。在鹵素燈泡之下搖晃的水面閃閃發光，增添洗澡時的樂趣。

玄關的崁燈，用狹角的燈光照射地板的特定範圍。

將崁燈直線排列的客廳天花板。另外還在牆壁邊緣跟壁龕設置間接光源來形成多燈照明，讓人可以按照心情跟氣氛分別使用不同的照明環境。

○主要照明器具跟光的特徵

	目的	光的特徵	適用場所	採用時的注意點	其他
崁燈	■形成氣氛沉穩的空間 ■照亮部分的地板	■從天花板往下照射 ■天花板會變得比較暗	■幾乎所有房間（天花板內側必須有充分的空間）	■比較不容易給人明亮的印象	■照射角度從廣角到狹角都有 ■也有可以改變角度、以全周來發光的款式
投射燈	■可以將對象的特定部位照亮 ■可以改變照明的方向	■讓特定的部位變亮	■廚房、客廳、飯廳的牆壁或天花板	■如果想輕鬆變更照明器具的數量，可以跟燈用軌道一起使用	■有可以直接裝設的法蘭盤型，裝在燈用軌道上的栓型，以及夾子型等等
吊燈	■照亮桌子表面 ■身為內部裝潢的一部分，用來呈現燈具之設計的照明	■隨著燈具的材質跟造型的不同，可以發出各式各樣的光芒	■天花板較高的房間 ■餐桌上方	■裝在不會與人接觸的位置	■燈具的形狀跟光的陰影，會對內部裝潢造成很大的影響
壁燈	■用來當作補助性照明	■依照形狀，分成照亮天花板、照亮牆壁、照亮地面等不同的類型	■玄關、走廊、房間的牆壁 ■洗手間的鏡子周圍 ■浴室	■要裝在不會與人接觸的位置 ■要避免讓人感到刺眼	■燈具的形狀跟光的陰影，會對內部裝潢造成很大的影響
立燈	■用來當作補助性照明 ■身為內部裝潢的一部分，用來呈現燈具之設計的照明	■隨著燈具的材質跟造型的不同，可以發出各式各樣的光芒	■客廳的地板或邊桌 ■床邊 ■桌上	■燈具相當顯眼，必須選擇跟內部裝潢可以搭配的設計	■可以按照狀況，事後再來擺設 ■有時也會當作照亮牆壁跟天花板的間接照明
間接照明（建築化照明）	■間接性的照亮房間 ■看不到燈具的存在只有光線露出在外	■透過反射光讓空間柔和的亮起 ■也可以使用半透明的材質，讓牆壁或天花板本身亮起來	■客廳的牆壁或天花板 ■牆上的壁龕 ■玄關的收納等等	■不可以讓光源被看到 ■要注意更換燈泡時的方便性	■照亮的對象也會改變亮光的性質，施工時要注意牆壁跟天花板不可以有參差不齊的部分

接著來說明，避免讓照明計劃失敗的基本重點。

第一個重點，是進行照明計劃的時候，讓照明器具的種類減到最低。重心可以環繞在崁燈上。崁燈的光源跟光線擴散的方式都相當多元，可以用在各種不同的用途。

只是使用崁燈還不夠的狀況，那大多是為了照亮作業用的平面。投射燈非常適合這種用途，特別是廚房相關的設備。照射方向可以簡單的改變，從打電腦到小孩子做功課等等，適合給用途極為廣泛的廚房櫃台使用。

除此之外，想要拉高天花板高度時（比方說大規模的改建時，天花板內側沒有足夠的空間可以裝崁燈），也曾經將投射燈裝在燈用軌道上，當作基礎照明使用。跟崁燈相比，明暗落差比較大，容易讓空間失去沉穩的氣氛，要盡量選擇可以讓光擴散的燈具。

燈用軌道的好處，是當家具的排列跟房間用途出現改變時，比較容易對應。燈具更換時也相當方便，對於跟住宅之互動較為積極的委託人來說，會是個很滿意的機能。

接下來的重點，是照明器具的配置。崁燈基本上會擺到結構的方格上。與其每個房間獨立的分配，不如將走廊也包含在內，以樓層為單位來思考照明的分配（要是結構上完全沒有大型牆壁的要素存在，也可以用房間為單位來分配）。無法擺到方格上的時候，也可以避開崁燈，把燈用軌道當作變通的方法。

吊燈的必要性

另外，吊燈這種以呈現燈具本身之設計為重點的照明，要裝在遠離動線，且坐在餐桌不會感到炫目的位置。要是會跟身體產生接觸，或是常常出現在視線內，可能會在日常生活中讓人感到厭煩。

再加上吊燈之燈罩的形狀跟顏色，會對整體氣氛帶來很大的影響，必須慎重的選擇。如果只是想讓料理顯得格外美味，裸露的反射燈泡就已經足夠。如果想要讓餐桌擁有象徵性的照明，則可以像歐美那樣使用高度比較高的檯燈，讓使用上的方便性跟創造氣氛的手法更加多元。

第三個重點，是區分可以照亮的物體，跟不可以照亮的物體。不可照亮的物體是距離較短的牆壁跟補強用的斜樑※等等，這些物體照亮也不好看，是不想讓人去意識到的要素。反過來看，想要照亮的物體為大型結構的表面、牆壁、天花板、窗簾等紡織品。

※補強用的斜樑（火打ち）：地板角落水平的斜樑

玄關之間接照明的技巧

玄關周圍的平面圖

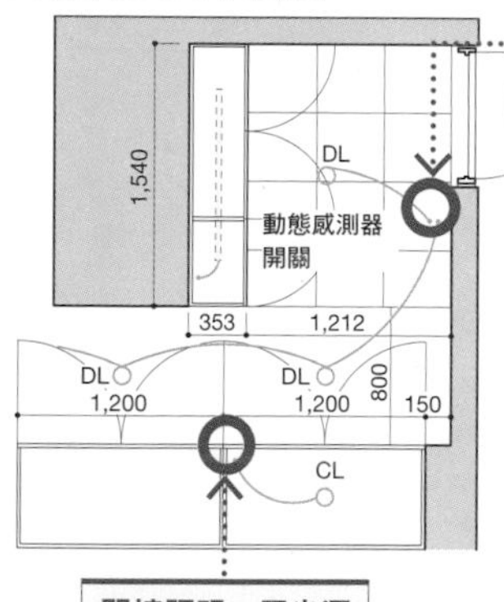

在鞋櫃下方裝上間接照明的案例。就算設有大型家具，也能減輕壓迫感。另外還在上方裝有由動態感測器控制的落地燈。

在收納的下方裝設間接照明，並將其中一扇門當作鏡子的案例。除了在出門之前可以檢查一下儀容，還能得到讓玄關看起來較為寬敞的效果。

在走廊左側設置大型的櫃子，鞋櫃只放常穿的鞋子。預定在落地燈下方的熟石膏牆掛上圖畫。櫃台頂部雖然是槠葉樹木材的厚板，但底部架空，給人輕飄飄的感覺。

把玄關收納的中間層當作展示櫃的案例。除了擺設季節性的裝飾品，還可以放置鑰匙或手機，具有實用性的機能。

TOPICS

玄關的照明演出也很重要

玄關是跟外側的接點，頻繁的進行物品的拿出與收納、穿鞋與脫鞋等行為，必須要有以機能性為優先的照明計劃。土間的部分必須使用崁燈，過了門檻進到室內地板的部分，最好也要有一盞以上的燈。

土間部分的照明，可以使用動態感測器。回家時要是東西太多抽不出手來開燈時，非常方便。必須注意的是感測器的方向，不可以讓照鏡子或穿脫鞋的動作造成感測器的誤認。採用可移動式的感測器，住進去之後再來調整會比較確實。

玄關收納大小與光線的關係

玄關同時也是款待客人的場所，表演性的照明也非常重要。基本上是在家具裝設間接照明。比方說像中央**右側的照片**把裝飾櫃照亮，可以緩和壓迫感，也方便收包裹。

將地板照亮一樣可以形成輕快的氣氛，很適合將涼鞋拿出來。另外要注意，表面的材質有可能會造成反光。

如果在走廊等鄰接的部分，設有充分的收納空間，則可以向中央**左側的照片**這樣，讓鞋櫃的高度只到腰部，鞋櫃上方只要一盞崁燈就已足夠，整合出精簡的造型。

玄關、走廊之照明的特徵

設置場所	目的	適合的燈具、光源	採用時的注意點	其他
天花板	■照亮空間的同時，不可以讓人察覺燈具的存在	■崁燈（LED）	■天花板內側必須要有裝設照明的空間 ■內側空間如果不夠、可以改成天花板燈，但要注意不可以干涉到櫥櫃的門 ■不適合透天等天花板較高的結構使用	■用狹角的燈泡照出一小部分的地板，可以形成高級的氣氛 ■樓梯透天的部分有時會使用吊燈，地震時會大幅晃動，必須多加注意
牆壁	■照亮腳邊	■地板燈（LED）	■牆壁必須要有可以設置照明的空間	■有時會將LED當作常夜燈
鞋櫃等現場製作的收納	■照亮裝飾品	■家具用崁燈 ■間接照明（燈泡色LED）	■站在玄關時，視線高度會隨著地板的高低落差而變化，就算將光源藏在懸掛式櫥櫃的底部，也可能會無意間被看到	■在玄關收納等櫃台上方擺設鮮花等裝飾品的場合，可以裝上照亮這些物品的光源 ■有些家具會在開門的同時讓光源亮起，將內部照亮

2

創造氣氛良好的空間

〔各種房間〕之內部裝潢的實踐技巧

LDK

Public

委託人對於ＬＤＫ的要求

在思考內部裝潢的時候，必須了解最近的委託人對於ＬＤＫ各個空間之要求的傾向。

客廳是用來休閒的空間，主要是先生比較會關注的空間，太太對此處較不關心。主要的需求，是放置大型沙發或影音設備的收納空間。要是預算不足，設置一個鋪有榻榻米的小空間，也能達到某種程度的機能。

廚房主要是屬於太太的空間。除了料理之外，大多還會提出要在此使用電腦，有如個人房間一般的機能。先生對於廚房不大會關心。就像這樣，夫妻關注的焦點明確的分離，客廳跟廚房的大小還有資源的分配，將由兩者關係上的強弱來決定。

飯廳是上述兩者的中間領域，先生跟太太都會使用，也能成為小孩讀書的場所。是家人使用頻率最高、逗留時間最長的地點。

因此在思考ＬＤＫ的設計時，以使用頻率最高的飯廳為中心來進行，會比較容易整合。不要讓思考被局限在用餐的空間，飯後的休閒、稍微使用電腦的作業等等，要以多機能性的空間來看待。如果規模較小，也能兼具客廳的機能。

具體來說，首先很重要的一點，是跟庭院連在一起。比方說設置可以直接進出庭院的落地窗，試著去思考怎樣將室外融入內部的空間。視線延伸到室外，可以打造出讓人放鬆的場所，將出入口完全打開，還可以當作內外一體的空間來使用。另外也建議使用大型的桌子，除了用途多元，還可以成為家中的象徵。

掌握這些要求，再來整合內部裝潢的機能或主題，應該就可以抓住委託人的心。

廚房大多設有太太專用的讀書空間。上網找食譜也很方便。

跟露台連在一起的客廳兼飯廳，可以讓人感受到寬敞的氣氛，還能在室外享受餐點。

廚房是太太、客廳～影音設備則是先生所有堅持的場所。飯廳是大家聚集的空間，擺上一張尺寸較大的桌子，用餐之外還能讀書或作業，思考時要將此處當作家的中心。

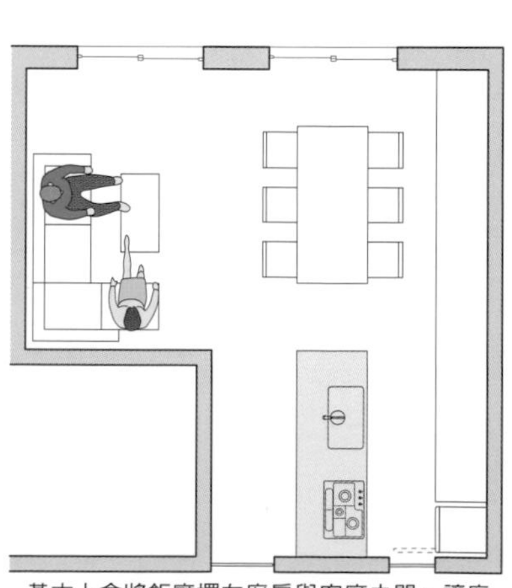

基本上會將飯廳擺在廚房與客廳之間。讓廚房的位置無法直接被客廳看到，比較容易得到沉穩的氣氛。

LDK的內部裝潢要以整體來思考創造出寬敞的氣氛

LDK連在一起，擁有One Room結構的建案，基本上會讓房間的境界變得模糊，來創造出寬廣的氣氛。

寬廣的氣氛會受到廚房位置的影響。I型廚房是最為開放的設計，跟飯廳完全融合在一起。讓廚房的收納延伸到飯廳內，強調兩個空間的連續性，就機能性來看也能提高收納的靈活性，方便使用不容易散亂。島型廚房也容易產生一體感。櫃台跟廚具融合在一起，在機能方面也跟飯廳相連。與此相比，II型廚房跟飯廳的連續性就比較弱。

要強調一體感，室內表面的材質也很重要。基本上得讓各個房間的表面，使用共同的材質。因為成本等其他理由，而改變一部分的材料時，也要調成同樣的顏色來裝到同一個平面上。牆壁是熟石膏而天花板是壓克力乳膠漆、牆壁是壓克力乳膠漆而天花板是油漆風格的壁紙等等，都不容易形成異質的氣氛。另外則是木頭地板鋪設的方向，如果是跟走廊相接，必須以走廊為主，並且整合露台。

I型廚房

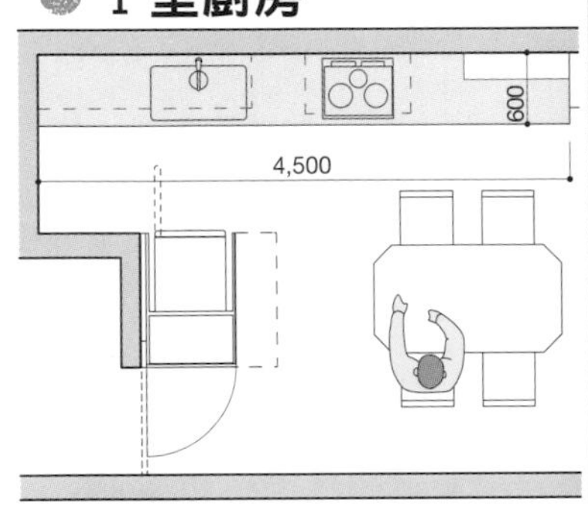

位在客廳旁邊的I型廚房。雖然會從背後看到廚房，但卻可以得到精簡的結構。也能將飯廳的桌子擺在比較近的距離。

島型廚房

同時也能當作輕食櫃台的島型廚房。做菜的時候可以觀望到客廳跟飯廳，掌握家人的動向。廚房要是無法維持清潔，會對裝潢造成不好的影響。

II型廚房

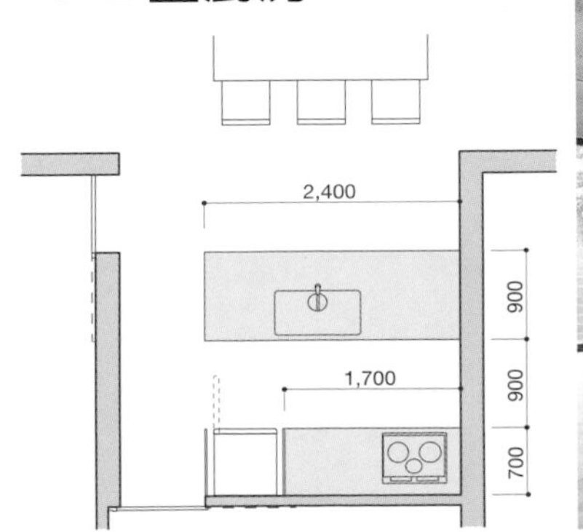

面向擁有挑高構造之客廳兼飯廳的廚房。挑高構造連到樓上的寢室，更進一步提高家族的連帶感。

要有效活用LDK必須要有對應各種行為的照明計劃

投射燈

可以享受家庭劇院的這個客廳，在背後設置有間接照明，天花板則裝設可照亮手邊的崁燈，可以透過調光來得到適當的亮度。

崁燈

在客廳使用氣氛沉穩的崁燈。飯廳兼廚房則是使用演色性較高的鹵素光源投射燈。前方用來工作的空間，在天花板設有螢光燈的間接照明。只將必要的場所照亮，可以形成陰影讓內部裝潢得到延伸出去的感覺。

聚光型崁燈

將主要照明關掉，只點亮收納跟壁龕的間接照明及聚光型崁燈的客廳兼飯廳。平時會點亮天花板的鹵素光源投射燈，作業時可以用螢光燈的間接照明，來將整個房間照亮。

雖然都稱為ＬＤＫ，要在哪個空間進行什麼樣的行為，會隨著居住者來變化。另外，最近同一個場所常常會有多種用途。規劃這種空間的時候，必須掌握各個部分所會進行的行為來設置照明。

ＬＤＫ的照明必須細分化

讓我們從廚房開始觀察。首先是砧板的上方，在這上面大多裝有懸掛式的櫥櫃。使用菜刀時，將整個作業用的面積照亮會比較好進行，因此可以在懸掛式櫥櫃的下方，裝上螢光燈。螢光燈另外還有散發熱量較低，對食材影響較小的優勢。要是沒有裝設懸掛式的櫥櫃，可以從天花板用投射燈照亮。鹵素燈泡也值得令人推薦，它可以讓食材看起來更加漂亮。

瓦斯爐上方用來照亮的，是裝在抽油煙機內的防濕型崁燈。鹵素燈泡在此一樣值得推薦，它可以將鍋內照得非常清楚。另外，無法承受高溫是ＬＥＤ的缺點之一，不建議裝在抽油煙機內。

廚房同時也是太太用電腦來上網，或是用手機發送郵件的場所。作業桌或櫃台桌常常兼具這些用途，可以在上方裝設崁燈。如果讓懸掛式的櫥櫃延伸到飯廳，也可以在櫥櫃底部裝上壁燈，並在下方擺上作業用的櫃台

◎客廳的照明

設置場所	目的	適合的燈具、光源	採用時的注意點	其他
天花板	■用沉穩的氣氛來照亮房間的重點	■崁燈	■天花板內側要有可以裝設照明的空間 ■為了避免天花板太過雜亂，必須整理照明的位置來進行排列 ■不適合透天等天花板太高的空間	■裝設位置要考慮到煙霧警報器等其他天花板的設備，盡可能的整齊 ■天花板不裝設照明也是方法之一 ■為了防盜，有時會設置無人開關（時差開關）跟LED照明
牆邊	■寬敞的呈現空間 ■照亮繪畫等裝飾	■間接照明（燈泡色螢光燈） ■洗牆式落地燈	■裝設間接照明時，必須注意牆角或照明器具不可以被看到，不可形成明確的光影，且燈泡要容易交換 ■會突顯出牆上的凹凸跟質感，必須注意牆壁表面的施工品質	■表面有特殊感觸的灰泥牆等等，表面完工的質感越好，照出來的效果就越佳 ■加裝調光機能，可以調整亮度跟氣氛
地板	■可以按照氣氛改變房間的氣氛	■地板式檯燈	■事先想好擺設照明的地點來裝設插座	■燈具本身可以成為裝潢的一部分來享受
桌子上 沙發附近	■照亮手邊跟臉部	■桌上型台燈 ■投射燈	■設計時必須顧及家具的位置 ■附近要是沒有牆壁存在，則必須考慮地板插座或家具上的插座	■要是具有調光機能，則可以對應看電視、影音視訊、讀書、休閒等各種用途，還可以創造出不同的氣氛

◎餐桌上方的照明

設置場所	目的	適合的燈具、光源	採用時的注意點	其他
天花板	■照亮空間又不讓人感受到燈具的存在	■崁燈	■天花板內側要有可以裝設照明器具的空間 ■不適合透天等天花板太高的空間	■客廳與廚房等空間如果相連，必須注重空間的連續性
餐桌上方	■照亮料理跟臉部	■吊燈 ■投射燈	■設計時必須顧及餐桌的位置 ■吊燈要考慮照明器具跟餐桌是否搭得起來，顧慮到大小跟裝設高度、形狀的均衡性 ■如果要裝設重量比較重的枝形吊燈，必須強化天花板的基本結構	■餐桌上建議使用可以讓料理看起來更加美味的鹵素燈泡

◎廚房周圍的照明

設置場所	目的	適合的燈具、光源	採用時的注意點	其他
天花板	■手邊或餐具櫥櫃的內部等等，將必要的場所照亮	■崁燈 ■天花板燈 ■投射燈	■照亮砧板表面跟手邊 ■天花板燈這些從天花板表面凸出的器具，要注意不會干涉到家具的門 ■為了讓光線抵達餐具櫥櫃的內部，裝設位置必須多下點功夫	■崁燈的位置如果能配合收納櫃門的間隔，則比較容易讓空間得到清爽的感覺 ■能夠改變照射場所跟數量的投射燈相當方便
吊掛式 櫥櫃的下方 作業台的牆壁	■將手邊照亮	■手邊燈（細長的螢光燈等等）	■挑選細長的燈具，以免存在感太過強烈，隱藏在吊掛式櫥櫃的門後面	■吊掛式櫥櫃下方的手邊燈，可以裝在前面一點的位置，讓做菜時手邊可以被照亮
抽油煙機內	■照亮瓦斯爐上正在料理的食材	■防濕型落地燈	■避免使用怕高溫或不容易清理的燈具	■市面上的抽油煙機大多已經裝有照明

桌。

飯廳是家族使用頻率最高的空間。一個家庭如果是用跟廚房相連的櫃台桌來用餐，可以在櫃台桌上方使用投射燈。櫃台周圍大多與作業的空間相鄰，能夠按照用途來改變照射方向的投射燈非常的方便。

用餐桌來用餐的家庭，雖然也能使用崁燈，但桌子的擺設位置容易在生活之中改變。就這點來看，燈用軌道跟投射燈的組合雖然方便，但投射燈對比較強，不適合用來打掃。對此所能推薦的，是將天花板照亮的間接照明。用柔和的光芒將照亮廣大的面積，就算桌子的位置多少有所偏移也可以對應。另外，吊燈這種照明，嚴格來說屬於裝潢用的器具。就機能性來看並沒有特別的需求存在。

客廳是觀賞影音視訊或讀書的場所。只要照亮手邊即可，基本上會使用崁燈+間接照明。為了讓人放鬆，要注意不可以讓光源被看到。雙方都要使用調光器，來創造出沉穩的照明環境。把光量調低的色溫度，可以增加沉穩的氣氛。

廚房照明的重點在於對小細節的執著

廚房周圍之照明的案例

裝在抽油煙機內的崁燈。防濕型，光源使用鹵素燈泡。

抽油煙機內的白熱燈泡，吊掛式櫥櫃的下方裝設手燈的螢光燈。螢光燈不會發出高溫，適合裝在調理台的上方。

雙色鹵素燈泡的投射燈。演色性高，又能改變照射的方向，適合廚房、飯廳使用。

也有考慮到照亮牆上的磁磚跟廚房用的各種道具。

餐桌上方設有使用反射燈泡的吊燈。

廚房使用LED的崁燈。餐桌上方則設有吊燈。

對於廚房的照明進行補充。首先是抽油煙機內防濕型的崁燈，如果要廉價且造型良好的話，選擇的空間並不大。雖然不是給抽油煙機使用，松下電器的ＬＧＷ72202值得令人推薦。可以選擇廣角照明的款式，來將瓦斯爐周圍全部照亮。光源適合使用60型40瓦。

作業的空間並不適合使用落地燈。光線來自於正上方，會讓手邊形成陰影。最好用投射燈以傾斜的角度照射。投射燈可以調整角度，不論慣用左手還是右手，都可以配合。最好是明暗落差比較小的廣角型。光源使用雙色鹵素燈泡。必須注意的是光源所發出的熱度，尤其是天花板高度較低的時候。但使用ＬＥＤ的替代商品正迅速普及，光源熱度的問題應該可以得到解決。

櫥櫃下方所使用的螢光燈，是細長型的24瓦、燈泡色。就像這樣，廚房的基本是用投射燈來組合螢光燈。

另外，半島型或島型廚房位在櫃台上方的照明，雖然也能使用投射燈，落地燈跟反射燈泡的吊燈也值得令人推薦。反射燈泡的光線較為柔和，擴散範圍比較廣，天花板也能稍微被照亮。燈具較大不會讓人感到眩目，光源的成本也不高。

廚房

Public

讓廚房周圍之表面材質自然的轉變來維持室內的一體感

廚房周圍會用到水、火、油等物品。表面完工的材質跟客廳等其他房間相比，必須要有更高的性能。因此在流理台或瓦斯爐前方，改變牆壁素材。就設計來看，我們並不希望材質的變化被人察覺。在此介紹幾種可以使用的手法。

第一種是像上方**照片**這樣，用家具來敷衍切換部位的方式。在兩者之間插入不同機能的要素，讓切換的部位變得曖昧。

第二則是像中間左邊的**照片**這樣，將廚房擺在格局深處的方法。只要無法從飯廳看到切換的部位，就不會被人意識到材質的變化。

第三則是像下方**照片**這樣，採用島型的設計來降低牆壁的要素。但廚具周圍必須要有足夠的空間。

第四是像中間**右邊的照片**這樣，使用同樣顏色的材質，在同一個平面上進行切換的手法。

關於地板的木材，則可以讓客廳或飯廳的材質直接延伸過來。只是白木會讓污垢變得較為明顯，如果委託人打掃的頻率低，可以在作業的部分塗上聚氨酯。塗料所形成的膜厚的落差，沒有想像中的那麼明顯。海棠木跟柚木等顏色較為深濃的木材，污垢不會那麼明顯，不需要特殊的處理。

切換廚房周圍之牆壁的案例

廚房牆壁的表面使用強化玻璃與壓克力乳膠漆，裝上木製的置物架來當作緩衝地帶。

在飯廳與廚房的表面裝上餐具用的櫥櫃，還可以從櫥櫃將隔間用的拉門拉出來。

將廚房擺在飯廳的深處，裝上透明的毛玻璃來當作區隔，讓空間跟表面材質的變化得到緩和。

照片內的案例使用壁面加工過的防草布跟不可燃美耐板，兩者以相似的顏色裝在同一個面上來化為一體。

切換廚房周圍之地板的案例

廚房地板塗上褪光聚氨酯的案例。跟其他上有護木油的部分，在廚房櫃台的位置交接。

島型廚房的注意點

島型廚房的場合，雖然沒有牆壁表面的問題，但周圍必須要有充分的空間。

用量身打造的廚房調和內部裝潢

現場打造之廚房的設計重點
（島型廚房的參考案例）

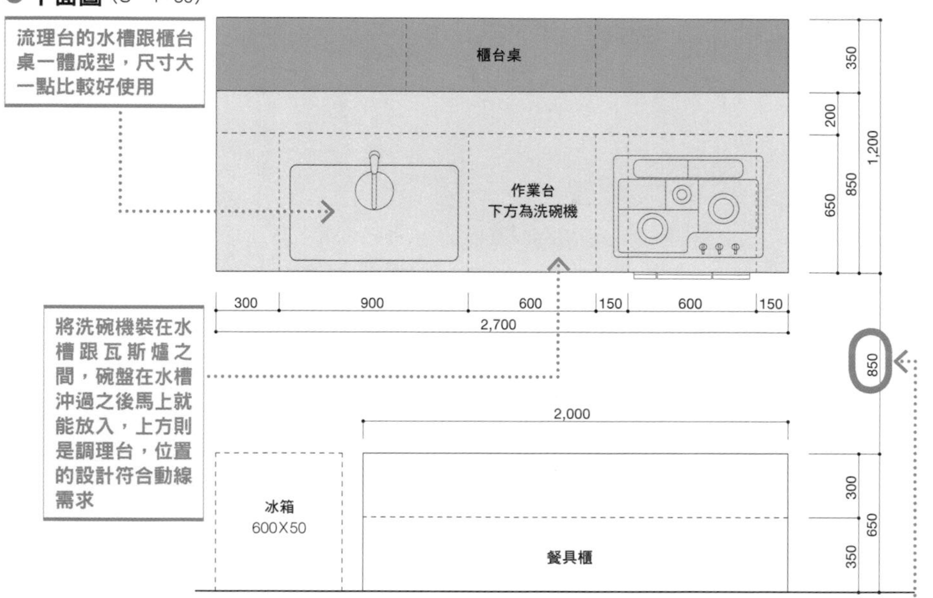

廚具與背面餐具櫃之間的寬度，1個人使用為800㎜左右、多數人使用則須要900㎜～1ｍ左右

設有櫃台桌，也能用來享用簡便餐點的島型廚房。背面設有餐具、家電用品的收納櫃。這種設計對客廳跟飯廳特別的敞開，可以更進一步強調一體感，但同時也得注意清潔方面的問題。

大多數的廚房，都會採用系統廚具。但如果要在內部裝潢與他人有所區別，建議還是選擇現場打造的方式。第一個原因在於成本。現場打造的廚房，跟系統廚具相比成本競爭力較高。本書所介紹之廚房的價位在100～150萬日幣左右，相當於等級居中的系統廚具。考慮到量身訂製這項附加價值，以及跟內部裝潢化為一體的優勢，還有委託人的高滿意度，建議可以參考本書的照片來嘗試看看。

作業台表面要將不鏽鋼或CORIAN※當作標準

決定要現場打造的時候，在此要建議大家的，是先決定作業台表面的材質。個人所要推薦的是乳白色的CORIAN，或毛絲面加工的不鏽鋼。這兩樣受到許多委託人的喜愛，機能性跟設計性也都很好。

人造大理石可以選擇白色以外的顏色，或是CORIAN以外的產品，但最好要堅持是甲基丙烯酸酯樹脂的製品。聚酯樹脂的人造大理石，不論是機能還是外觀都無法讓人推薦。另外，不鏽鋼最好要有1.2㎜以上的厚度。敲打時的感觸會大幅提升，形成高級的氣氛。

乳白色的CORIAN跟不鏽鋼的作業台表面，會改變空間的

※CORIAN：DuPont所販賣的人造大理石。

○廚房的截面圖（S＝1：50）

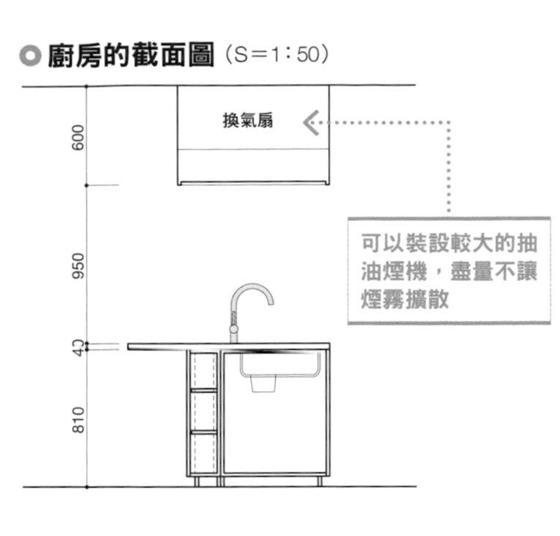

○調理一方的展開圖（S＝1：50）

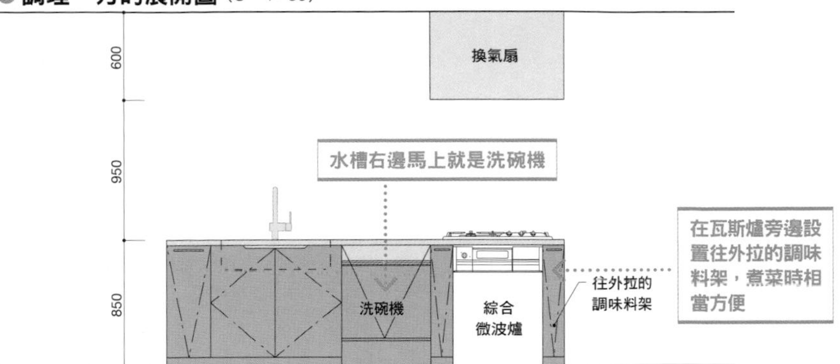

○收納一方的截面圖（S＝1：50）

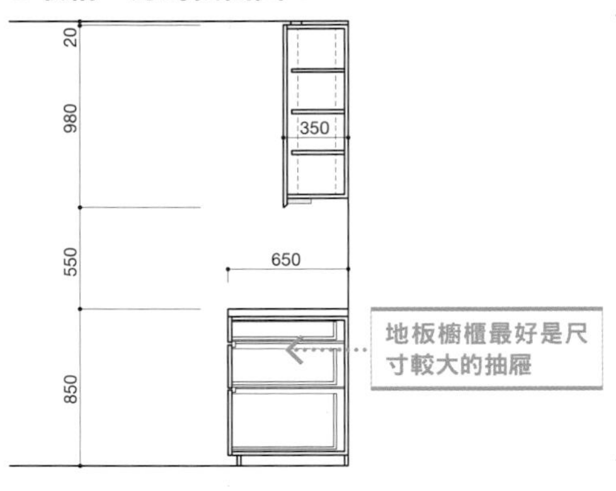

○收納一方的展開圖（S＝1：50）

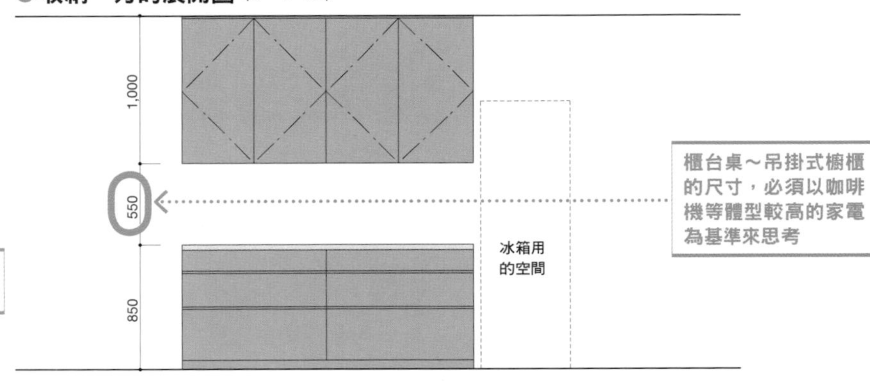

○廚房側面的展開圖（S＝1：50）

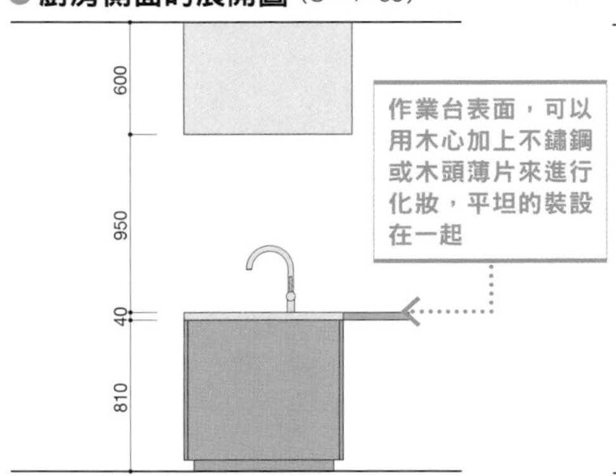

○櫃台桌一方的展開圖（S＝1：50）

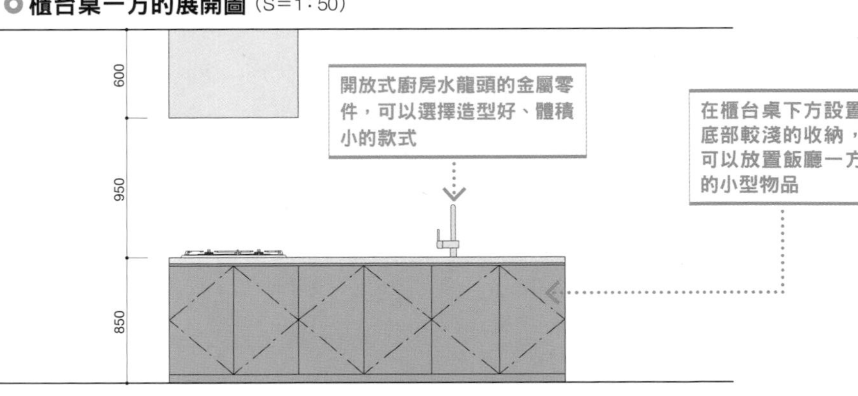

氣氛。CORIAN比較屬於各種狀況都能使用的材質，不論什麼樣的空間，都能融入氣氛之中。雖然也得看設計，大多給人女性柔和的感觸。但如果地板為海棠木或胡桃木等較為厚重的材質，則輕盈的存在感反而會太過突兀，搭配不起來。如果要使用在厚重的空間，最好還是選擇天然的石材。

不鏽鋼的作業台表面，比較容易形成男性的感觸。特別是跟松木還有杉木等休閒氣氛的地板材質搭配時，注重機能性的感覺會一口氣的提升。反過來如果搭配海棠木或胡桃木等厚重的材質，則相對性的強調堅硬質感的印象。使用3㎜厚的不鏽鋼板，可以空間本身得到高級的氣氛。

再來則是廚房收納的表面材質，基本上會跟家具還有門窗使用同樣的顏色，不然就是明確的形成落差，兩者選一。

不過從最近的傾向看來，讓顏色形成落差的案件似乎有在減少（印象不會變模糊的程度）。比方說表面使用橡木、柳木系統之顏色的案例有在增加，卻會調整為看起來已經用過一段時間的色澤。

廚房

Public

往上提升一個層次 現場打造之廚房的秘訣

接著來介紹，讓現場打造之廚房的設計，往上提升一個層次的手法。第一點是作業台表面邊緣的裝設方式。如果像左圖這樣使用CORIAN，可以直接讓人看到作業台表面的厚度。如果是不鏽鋼或木造材質，則選擇20㎜左右的厚度。

使用CORIAN的時候，有一項技巧可以活用材料的特徵，來提高設計性。那就是活用黏結性來一體化。像照片這樣，讓作業台的表面跟水槽、側板化為一體，可以得到很好的效果。讓側板直接與地面接觸來進行裝設，也是其中一種方式。

另外，如果要在廚具設置櫃台桌，延伸出來的寬度最少要有30㎝，才能讓人坐下來用餐。

收納部分的要素盡可能的減少，精簡的整合在一起。比方說吊掛式的橱櫃要省略手把、握把，在門的下方設置手可以勾住的造型來取代。而廚具的門則是使用造型簡單的不鏽鋼手把，大多還可以用來掛

不鏽鋼的作業台

作業台的造型圖（S=1：2）

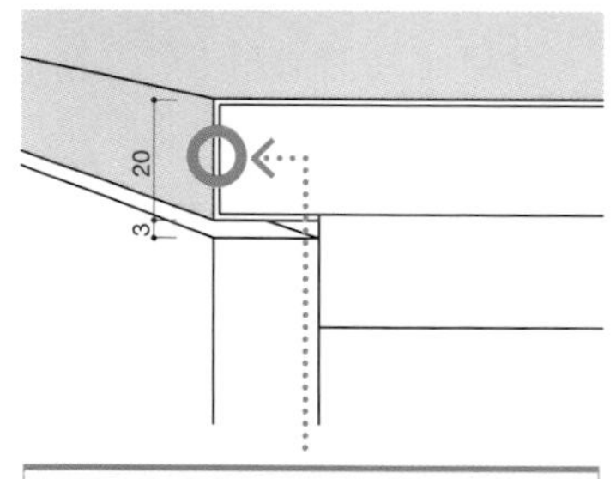

SUS-HL（毛絲面不鏽鋼）要彎成20㎜的厚度，蓋上18㎜厚的合板。隔上3㎜的間隔來將門裝上。R（弧）的去角跟垂直的溝道，不要有會比較清爽。

20㎜厚的SUS-HL作業台，跟全豔聚氨酯塗料的家具所構成的廚房。作業台表面不會太厚，給人尖銳的印象。

人造大理石的作業台表面

12㎜厚的人造大理石的作業台板，跟椴木合板以及OSMO塗料的家具所組成的廚房。側板也是人造大理石，擁有相當的份量，卻又同時給人細膩的感觸。

作業台周圍的造型圖（S=1：2）

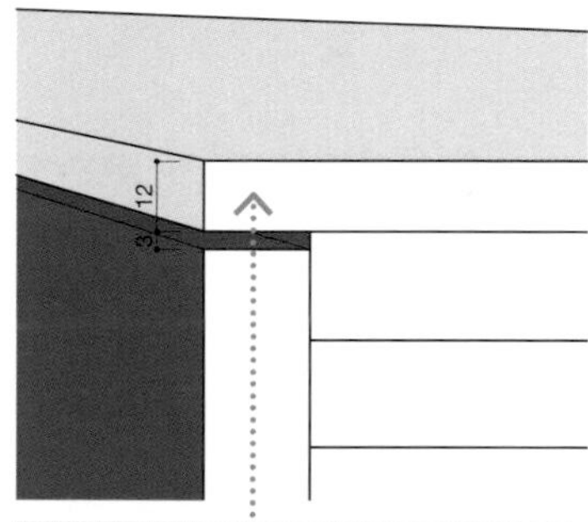

直接給人看到人造大理石那12㎜的厚度，隔上3㎜的間隔來裝上門板。邊緣的R（弧）不要有去角跟垂直的溝道會比較好

廚房的造型圖

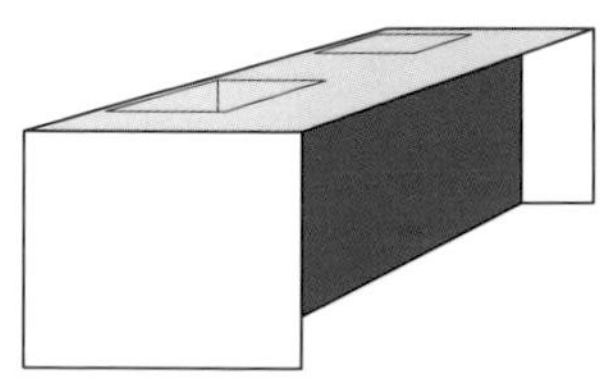

垂直面跟作業台表面、水槽都用人造大理石來一體化，給人藝術品一般的印象。

人造大理石的黏合與加工比較簡單。若是活用此優點，而設計出符合人體工學的造型，做菜就更有趣了。

在U型半島的廚房設置讀書空間的案例

平面圖（S=1：100）

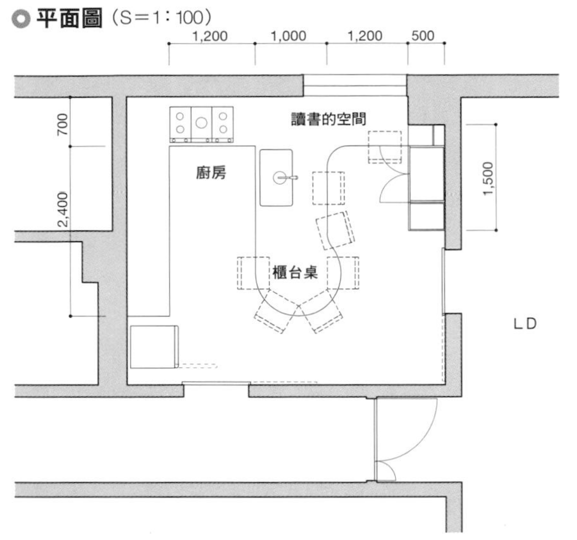

櫃台桌以人造大理石來得到一體性的造型。雖然另外設有餐桌，但櫃台也有可以享用簡便食物的桌子，把前端設計成圓形來對應人數的變化。

在I型廚房設置半島型餐桌的案例

平面圖（S=1：100）

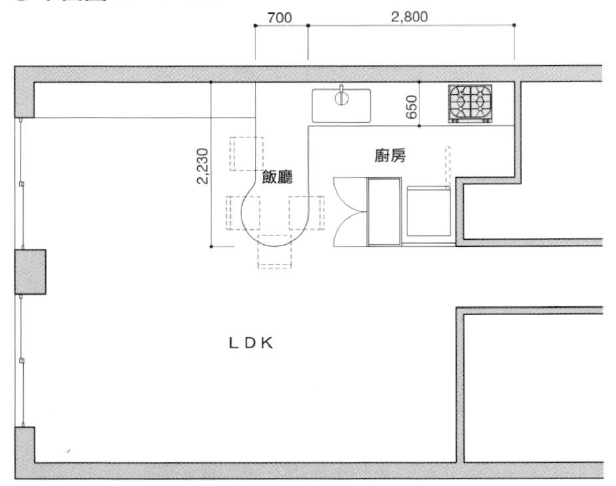

也能當作配膳台、擁有機能性的設計、可以不用設置其他餐桌等等，整合成精簡的構造。

毛巾。

另外，插座基本上會裝在牆壁或擋板上。調理器具不會插著不管，頂多兩個插座就夠。

水槽的水龍頭大多採用鵝頸的製品，但最近常常被抱怨會濺水。似乎是因為出水口的位置比較高，水花也比較容易濺起。特別是出水口偏外側的製品會比較容易出現這個現象。因此島型廚房會使用出水口比較小，且水龍頭朝下的類型。比方說AVA（日本KWC公司的製品）廚具系列所使用的冷熱水混合的水龍頭，出水口較低且面對下方，值得令人推薦。

半島型是主張較為強烈的廚房

接著來看廚房的排列方式。如果是「要讓人看到的廚房」，島型的構造會佔用周圍太多的空間，可以採用半島（Peninsula）型的兩排廚房。此時廚房最小的尺寸為寬2400×深750（瓦斯爐、洗碗機600×2㎜、水槽900㎜、調味料架150×2㎜、上方的吊掛式櫥櫃）。像介紹案例這樣，跟櫃台桌融合在一起的類型，可以在櫃台的造型下點功夫，強調存在感來成為空間的點綴。

客廳

降低客廳家具的高度來維持寬廣的氣氛

將客廳設計成可以觀賞影音視訊、放鬆與休閒的場所時，最好下功夫來減緩不自由的感覺。有效率的將影音設備或其他軟體收納在現場打造的家具內等等，盡可能減少家具所造成的壓迫感。

間接照明的重要性

基本上會像**上方照片**這樣，降低收納的高度。也具有電視櫃的機能。收納容量不足的場合，則可以追加吊掛式櫥櫃。吊掛式櫥櫃的上下尺寸要在60㎝以下，像**下方照片**這樣將兩者中間空出來，不要給人狹窄的感覺。

在吊掛式櫥櫃的底部設置間接照明。照明的效果，可以讓牆壁視覺性的阻擋變得比較曖昧。間接照明的光源，雖然價位比較高，建議使用連續型長條螢光燈。光線連續沒有間斷，且可以調光，容易得到良好的演出效果。將來也能使用條狀的高亮度燈泡色LED。

另外，如果要用來收納影音設備，則不要裝上門板，以避免收不到遙控器的訊號。如果加裝遙控器的訊號接收器，則裝上門也不會有問題，外觀的設計也比較容易整合，但精通這方面技術的

降低收納的高度，以長度來增加收納空間

高度650㎜的客廳收納。頂部材質是跟地板相似的柏木工程木板。一部分用來放地面型的冷氣。將家具門板的尺寸統一，以連續性的方式排列，可以形成井然有序的空間。

收納空間不夠時，追加吊掛式櫥櫃

在櫃台收納的上方裝設吊掛式櫥櫃，將兩者之間當作間接照明來使用的案例。牆壁阻擋的感覺消失，雖然多裝了一層櫥櫃，卻給人較為寬敞的感覺。內部放有家庭劇院用的設備。

櫃台桌＋吊掛式櫥櫃的收納案例

從廚房到客廳兼飯廳，讓收納一體化的案例。

左側有影音設備等較多的收納物品，越是往右，跟餐具有關的收納物品就越多。中央則被當作書房來使用，有文具等日常性的雜物

設置精簡的把手

家具把手的設計，不會讓人察覺到表面板材的厚度或是有把手存在。

5
27
24
24
5
13

以這個尺寸為基準，考慮手指的粗細來進行調整

百葉的塗漆技巧

某個在吊櫃的一部份上裝設空調百葉出風口的案例。下方形成收納空間。

橫條在裝設之前先塗好

20
10
20

位在內側的橫條要塗成深灰色

遮蓋用的橫木可以隱藏插座

在家具遮蓋用的橫木裝設插座。外表不會顯眼，可以裝在許多地點。

塗成白色可以顯得更加清爽

用油性塗料來塗成白色的案例，降低光澤來跟廚房的人造大理石搭配。

電氣施工業者並不多。

以敞開的方式來進行收納時，內部表面可以使用深灰色的聚酯樹脂合板，讓線路不會太過顯眼，或是跟板材使用同樣的顏色。此時要在橫的方向開孔來讓線路通過，並且在遮蓋用的橫木加裝插座。現場打造的家具會將牆壁遮住，忘記這點的話，吸塵器等家電使用起來會比較不方便。

最後來看門板材質。如果全部都塗成同樣的顏色，可以選擇MDF（中密度纖維板），但這種材料的吸收性並不均衡，必須用溶劑性的密封材料來防止吸收。只是住宅的作業現場無法使用氣味強烈的溶劑性密封材料，充滿灰塵的環境也不適合進行塗佈，必須在工廠加工。

反過來看，如果採用染色等活用木頭紋路的表面加工方式，為了統整家具的門板跟門的顏色，最好是在現場進行塗裝。雖然塗裝的環境不佳，但家具跟門板、木頭薄片等購買途徑各不相同，也只能在現場調整以統整顏色。

除此之外，跟收納一體成型之櫃台、冷氣遮罩等等，以圖跟照片的方式整理在本頁之中。

窗戶將會影響內部裝潢給人的印象

隱藏窗戶外框的技巧

窗框周圍的平面圖

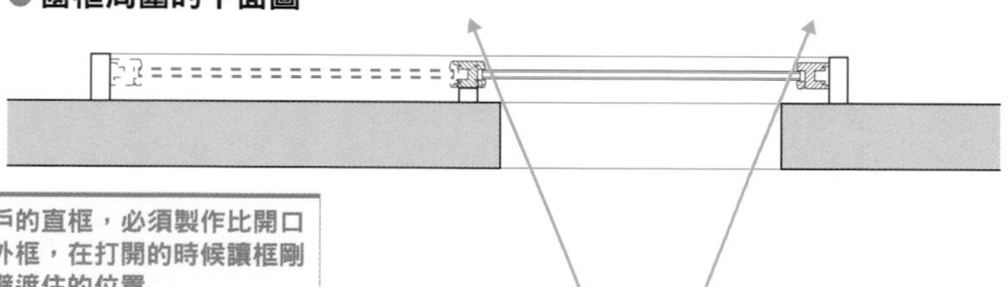

若要隱藏窗戶的直框，必須製作比開口更大的窗戶外框，在打開的時候讓框剛好來到被牆壁遮住的位置

窗框周圍的截面圖

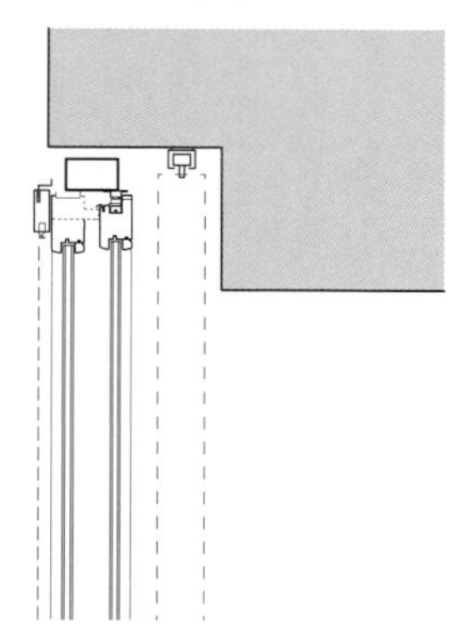

上框埋在天花板內的案例。天花板與天空相連，給人明亮的印象。在夏天容易將熱空氣排出。

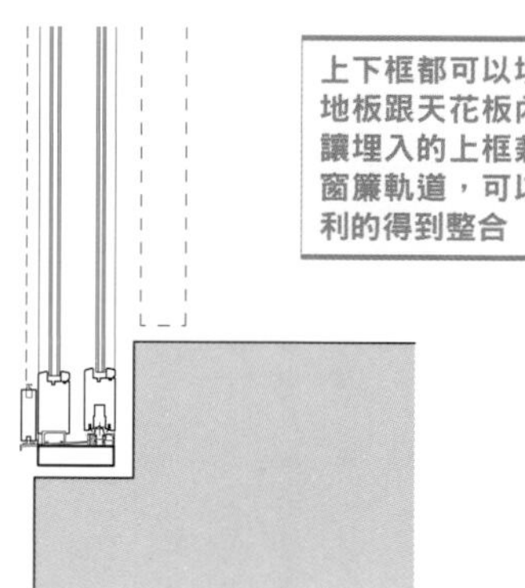

上下框都可以埋到地板跟天花板內。讓埋入的上框兼具窗簾軌道，可以順利的得到整合

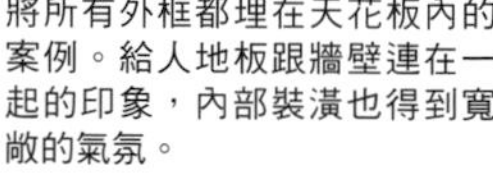

將所有外框都埋在天花板內的案例。給人地板跟牆壁連在一起的印象，內部裝潢也得到寬敞的氣氛。

窗戶是裝潢無法忽視的要素之一。除了取景等位置上的問題，窗戶外框的細節，也是影響一個空間之印象的重要因素。

雖然也得看設計的方向性，但地板、牆壁、天花板等要素如果被窗框、門窗外框阻斷，就會成為空間在此被區隔開來的印象，讓寬敞的氣氛受損。以不讓室內看到的手法來處理這些要素，是設計的基本方向。

較為一般的，是像**圖跟照片**這樣讓天花板或地板往內凹陷，並將外框埋在此處的手法。如果是用落地窗來連到室外露台等構造，統一地板跟露台的高度，可以得到連續性的外觀，形成寬廣的氣氛。

以統一的尺寸來製作特製的鋁製外框或木造門窗，減少外框或紙門縱向的線條，也是有效的作法。但製作木造門窗雖然比較容易，尺寸較大的場合，長期下來是否可以維持氣密性跟開合的操作性，要連同門袋※的構造一起好好檢討。

另外，跟外框搭配的紗窗，最好使用裝在內部的隱藏式構造，一般的紗窗會有橫桿存在，變得較為吵雜。

※門袋（戶袋）：將拉門打開時，容納門板的空間。

格局 Private

私人空間的格局以飯店做為範本

接下來說明浴室、洗手（洗臉）間、寢室等私人空間。關於這些空間，建議可以參考都市飯店（City Hotel）的機能性。

近幾年來在各個國家出現的都市飯店，從簡潔的動線跟維持隱私等機能性設計來看，以及浴室跟洗手間所帶給人的休閒氣氛等裝潢設計面來看，都經過詳細的規劃，有許多值得參考的部分。

不少委託人都曾經在旅行的時候體驗過這些空間，在初期討論的時候，拿出這些飯店來當作設計主題，已經成為日常。以這種趨勢來看，掌握都市飯店的傾向來當作設計時的手牌，絕對派得上用場。

另外，考慮到差別化，融入這些飯店內所能看到的要素，可以積極的將焦點移到浴室跟洗手間來進行提案，進而成為一種優勢。

一體成型的衛浴（Unit Bath）跟洗臉台的價格，因為通路網站的發達，對委託人來說已經不再是秘密，對工程行來說也不再是可以「偷工減料」的對象。因此現在正是值得考慮將這些設備轉換成現場製作的時期。

用腰牆來區隔洗手間跟浴室

用腰牆讓洗手間跟浴室緩緩的連在一起的案例。另外還有強化玻璃等區隔方式，融入洗手間來形成寬廣浴室的案例不在少數。跟居住空間一樣寬廣明亮，也有不少委託人直接要求洗手間跟浴室要一體化。

用玻璃區隔洗手（洗臉）間跟浴室

用腰牆或強化玻璃來進行區隔，將洗臉台也融合在一起，形成寬廣的浴室。就算沒有裝玻璃門，也能以位置排列的方式對應，用低成本來實現。

在大型的洗臉台設置兩個洗臉盆

早上忙碌的時候，希望能夠一起洗臉。或是跟先生使用不同的洗臉盆等等，不少委託人會提出這種要求。

浴室、洗臉、廁所整合在一起的衛浴。如果是用強化玻璃來區隔，讓牆壁跟天花板採用同樣的材質，可以更進一步增加房間的一體感。

Private

私人空間的照明戲劇效果非常重要

洗臉台、脫衣間

在洗臉台三面鏡子的上下設置間接照明，被照亮的鑲嵌磁磚可以成為空間的點綴。

浴室

浴室的照明會用鹵素燈泡來照亮地板跟浴缸。白色浴缸內搖晃的水面被鹵素燈泡照亮，形成美麗的效果。

廁所

利用門板拉開時，收納側面的縫隙來裝設間接照明。

更衣間

更衣間內的照明。用裸露燈泡的吊燈讓所有方向都可以被照亮，撞到也不容易破裂。

走廊

等間隔排列的走廊照明。考慮落地燈排列的間隔，讓天花板也得到設計性。

寢室

天花板的崁燈，床頭板內側的間接照明，另外還有檯燈與讀書燈。

都市飯店的舒適性，在於精心整理過的設計、充實的設備與機器，齊全的照明演出。以放鬆為第一優先的私人空間，休閒性的戲劇效果也是重要的「機能」之一。

首先是洗臉台的照明，主要照明會使用落地燈。以60～100cm的間隔來設置。理想的狀況是臉部左右各有一盞。間隔越短，空間所能得到的亮度就越高。可以分成洗臉台前方、洗衣機前方、通路等三個部位，使用起來會比較方便。使用三面鏡子的時候，用迷你燈泡的間接照明將鏡子前方照亮，可以讓臉部看起來更加漂亮。

廁所普遍的照明為50瓦的落地燈一盞，加上收納下方的迷你燈泡。後者雖然只是為了演出效果，委託人卻也相當的喜愛。

寢室一樣會以崁燈為主。8到12張榻榻米的房間，兩盞60瓦的白熱燈具就已經足夠。如果在床的旁間加上間接照明，看書跟看鬧鐘會比較方便。燈具也可以是LED的檯燈或可以轉動的燈具。

浴室的照明不要使用裝在牆上的壁燈，要裝在浴缸跟洗身體的空間上方，光源為鹵素燈泡的防濕型落地燈。閃爍的水面非常美麗。今後應該也可以選擇LED。

洗臉台的照明

設置場所	目的	適用燈具、光源	採用時的注意點	其他
天花板	■收納跟洗衣機內部等等，將必要的場所照亮	■崁燈 ■天花板燈	■必須考慮換氣扇的位置來進行調整 ■注意不可以跟事後裝設的烘乾機互相干涉到	■要注意照明的角度跟位置，讓洗衣機內部可以被看清楚
鏡子兩旁	■將臉部照亮	■壁燈（燈泡色～晝光色）	■一邊觀察鏡子，一邊找出臉部不容易出現陰影的位置跟數量 ■只使用晝光色會讓臉部變得蒼白	■如果像女演員的化妝鏡那樣，裝上許多白色燈泡，容易在夏天變得太熱 ■LED或螢光燈的演色性有時會比較差
吊掛式櫥櫃的下方	■照亮臉部跟手邊	■家具用的崁燈 ■裸露式照明	■就算是用隱藏的方式將燈具裝在吊掛式櫥櫃的底部，有時也會被鏡子照出來，必須以實際使用的視線來調整位置	■牆壁也會跟著被照亮，要考慮到表面完工的狀況

浴室照明

設置場所	目的	適用燈具、光源	採用時的注意點	其他
天花板	■照亮空間的同時又不讓人察覺燈具的存在	■防濕型崁燈（鹵素燈泡）	■天花板內側必須有裝設燈具的空間 ■調整位置的時候必須考慮到換氣扇或浴室的暖氣、除濕機等設備	■在浴缸的正上方裝設鹵素燈泡，因為水而搖晃的光線非常的美麗
牆壁	■照亮臉部跟身體，讓空間明亮起來	■防濕型壁燈	■讓磁磚的區隔線對準照明的位置，會比較容易整合出清爽的空間 ■注意不可以被門或淋浴的水碰到	■會在浴室刮鬍子或檢查體型的人，跟鏡子一起裝設，使用起來會很方便 ■施工時將台座隱藏起來，看起來會比較漂亮

廁所的照明

設置場所	目的	適用燈具、光源	採用時的注意點	其他
天花板	■照亮空間的同時又不讓人察覺燈具的存在	■崁燈	■天花板內側必須有裝設燈具的空間 ■必須考慮換氣扇的位置來進行調整 ■在深夜如果太亮，會讓人失去睡意 ■必須在打掃時讓人看到房間的角落	■洗手台附近，必須要有可以補妝的亮度 ■如果會在此看書或報紙，必須要有充分的亮度 ■有些案例會採用自動開關的動態感測器
牆壁	■成為空間的點綴，或是取代天花板的照明來將空間照亮	■壁燈	■因為是較為狹小的房間，要注意是否會撞到頭，或是撞到門	■天花板無法裝設照明的時候，可以考慮將照明裝在牆上
現場打造的收納等	■有訪客時或是當作常夜燈，長時間發出溫和的光芒	■間接照明（燈泡色LED）	■可以跟廁所衛生紙的收納一起規劃 ■開關跟主要照明裝在不同的位置，以免不小心去按到	■除了主要照明之外，要是有隨時都點亮的補助性照明，可以防止客人來臨時，找不到開關的位置亂摸牆壁

寢室的照明

設置場所	目的	適用燈具、光源	採用時的注意點	其他
天花板	■照亮房間之重要部位的同時，又不讓人察覺燈具的存在	■崁燈	■天花板內側必須有裝設燈具的空間 ■裝設的位置與排列方式必須經過整理，以免天花板形成雜亂的感覺 ■躺在床上的時候，光源不可以進入視線內	■不要在天花板裝設照明也是一種方法 ■要是有衣櫃存在，必須要有充分的亮度，讓人在這附近挑選洋裝
牆壁	■成為空間的點綴	■壁燈	■設計時要顧及床鋪或櫥櫃等家具的位置	■也能當作常夜燈，光線柔和的補助性照明
地板	■隨著心情來改變房間的氣氛	■地板式檯燈	■事先想好擺設燈具的位置來裝設插座	■燈具本身也能當作裝潢的一部分來享受
床舖附近	■照亮手邊 ■當作常夜燈使用	■擺在桌上的檯燈 ■壁燈	■設計時要事先決定床舖的位置 ■要可以在床舖附近開關	■除了當作常夜燈之外，要是可以讓人在床上看書，將會非常的方便 ■也能在牆上設置壁龕，裝在此處來成為間接照明

衛浴設備

Private

讓浴室跟洗臉台融合 形成舒適的空間

飯店般的衛浴設備所擁有的特徵之一，是洗臉台跟浴室一體成型的開放感。應用在住宅的場合，放洗衣機的場所跟會被水弄濕的空間加大，讓人擔心打掃可能需要更多勞力。對此，我們採用**左圖**這樣的方式來進行連繫。

表面材質的連繫方式

計劃案的內容請看**左圖**，在此將說明把浴室跟洗臉台當作同一個空間時，表面材質連繫在一起的方式。

首先是關於基層構造的防水。浴室的防水大多採用纖維強化塑膠（FRP），建議跟洗臉的空間一體成型的實施FRP防水。如果能將延伸到天花板的整個牆面都進行塗佈，則可以讓漏水的機率大幅降低。

再來則是牆壁，最簡單的是讓洗臉的空間，使用跟浴室相同的表面材質。但磁磚或石頭等浴室的表面材質大多比較昂貴。若想調整預算，可以將玻璃門當做切換材質的境界，讓表面的材質轉換，並且將顏色統一，以免破壞同一個空間的氣氛。洗臉台的空間如果採用塗漆，將異質材料組合在一起的作業也較輕鬆。

地板材質大多不會相同，但浴室地板如果採用衛浴專用的軟木墊，則屬於例外。

將浴室跟洗臉台連在一起的設計案例

將洗衣機、洗臉台、浴缸排成一列，盡頭為坪庭的案例

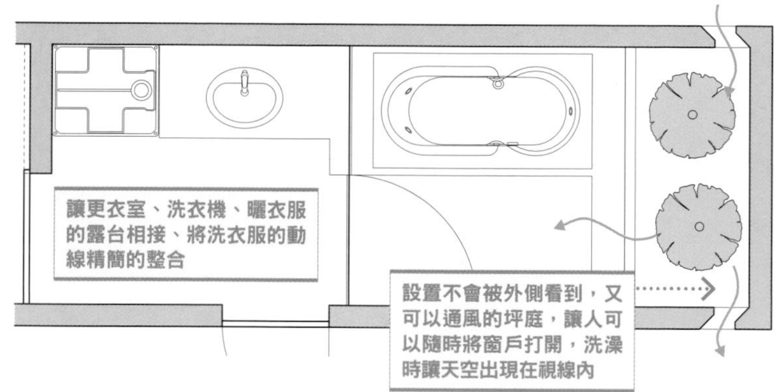

將大樓房間改成浴室的案例

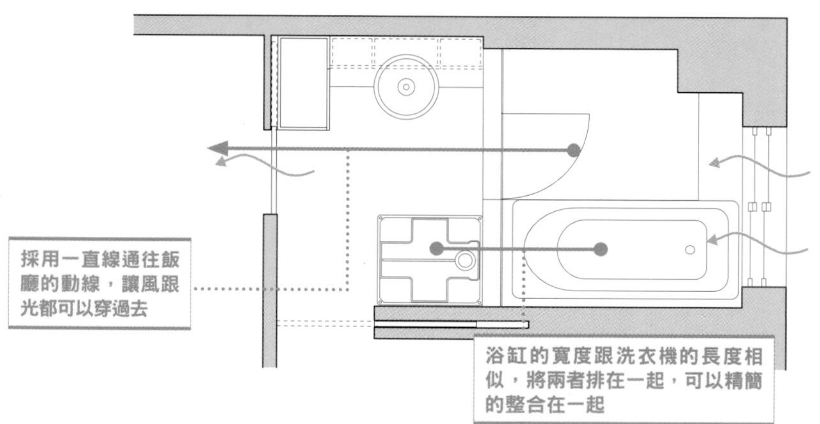

將洗臉台、廁所、浴室精簡整合的案例

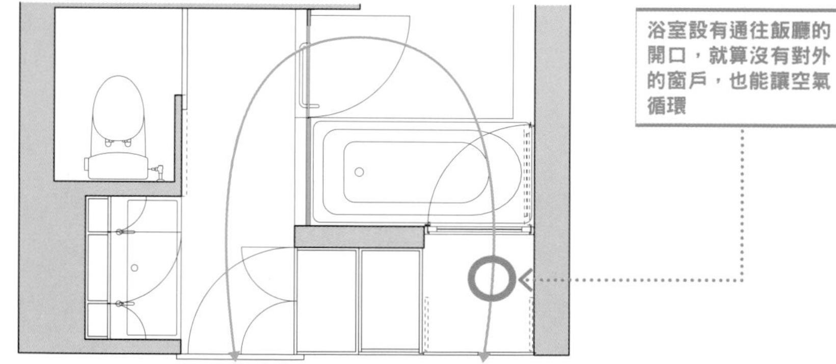

洗臉台跟浴室地板的表面

只有玄昌石

洗臉台～浴室地板的表面為玄昌石，牆壁則是大理石。盡頭是用來換氣跟採光的坪庭。

軟木磚×板岩

洗臉台的地板為軟木磚，浴室地板到門檻的部分使用灰色板岩，軟木跟異類的材質很好搭配。

只有軟木磚

從浴室～洗臉的空間都使用軟木磚的案例。也被用來栓酒的軟木塞擁有耐水性，冬天不會太冷，腳底感觸柔軟，相當受到好評。

洗臉台的地板也能使用軟木墊（洗臉台使用的是一般室內的軟木墊）。浴室的地面如果是石頭或磁磚，洗臉台的空間如果能使用裝在地板下的電熱器，則同樣的材質也沒關係，除此之外，則是讓客廳或走廊之地板的木材延伸過來。

關於天花板，浴室的天花板大多是經過塗佈的纖維強化水泥板或矽酸鈣板，洗臉的空間也是使用同樣的材質。浴室塗漆的規格，建議使用防水性好、表面質感佳的彈性瓷磚＋褪光處理。施工業者如果不習慣這些技術，最好還是選擇弱溶劑類的VP（乙烯樹脂塗料）。板材的接縫要進行密封處理，塗漆結束之後再來密封會比較確實。

另外，玻璃門的價格在30萬日幣左右。還要加上搬運跟吊入時的損壞「保險」，是相當昂貴的材料。但那視覺性的效果仍舊非常具有魅力。條件較為嚴苛的飯店也有採用，塗上專用的玻璃塗料可以讓保養變得比較輕鬆，值得令人推薦。

用玻璃區分浴室跟洗臉台的空間

用強化玻璃的袖牆跟合頁來裝設玻璃門的案例

裝有合頁之玻璃的基礎結構，必須是鋼筋等不容易變形的材質

為了在打開時不讓門去撞到門檻，玻璃門跟合頁相連的一邊，下方要進行加工

貼在門檻上的固定式玻璃，會在內側塗上顏色，以免看到貼合面

玻璃側面的邊緣不要覆蓋，看起來會比較漂亮

玻璃門或隔間用的構造，可以趁乾淨的時候塗上汽車窗戶用的保護塗料

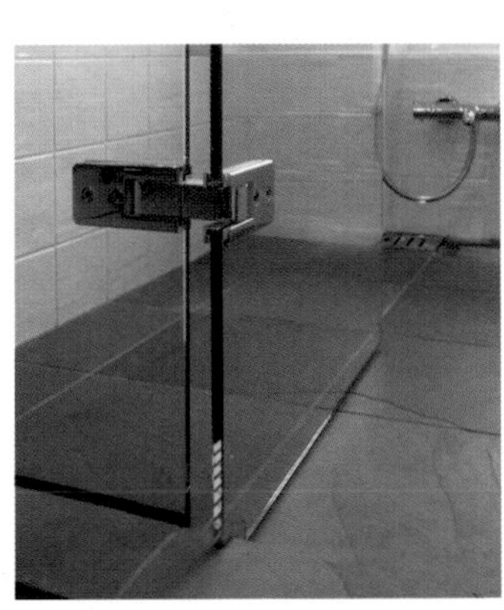

在強化玻璃的袖牆，裝上給強化玻璃門使用的合頁。為了在開門時不讓玻璃門合頁一邊的下緣去撞到，要事先設計好造型。

在浴缸台座跟牆壁裝上固定式強化玻璃的案例

在浴缸邊緣的台座裝上固定式的強化玻璃。將強化玻璃埋入磁磚縫隙裡，可以得到清爽的外觀。

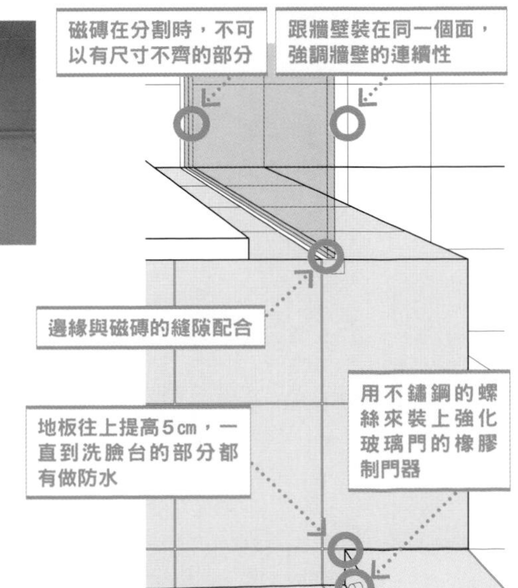

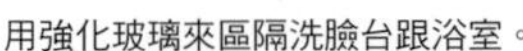
用強化玻璃來區隔洗臉台跟浴室。

用鏡子、照明、洗臉盆形成飯店般的洗臉台

洗臉台的各種演出手法

整個正面全都裝設鏡子的案例

鏡子與天花板相接，形成空間連在一起的印象。重點是鏡子不可以有接縫或外框。

用1m寬的洗臉盆裝設2個水龍頭的案例

讓兩個人同時使用的洗臉台，這種要求不在少數。若想在洗臉盆裝設2個水龍頭，最小的寬度為1m。

在細長的鏡子兩旁設置燈絲管

鏡子的寬度只要有15cm以上，就能將整個頭部照出來。也能刻意使用細長的鏡子，來提高設計性。

在玻璃洗臉盆的內側設置照明的案例

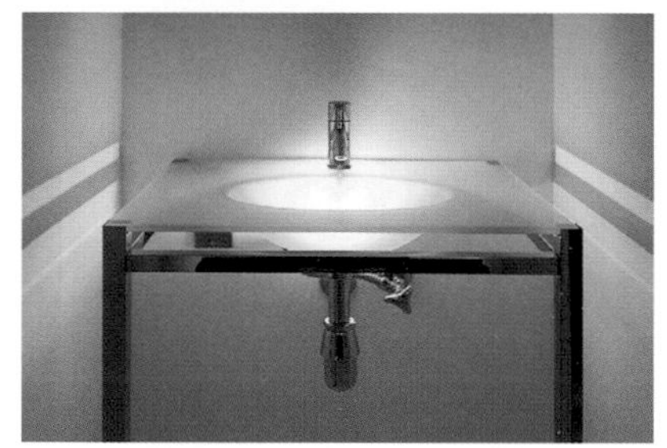

如果是玻璃等透明的洗臉盆，也能照亮內側來成為一種照明器具，得到良好的戲劇效果。

以特殊方式來打開的洗臉台收納

洗臉台旁邊是小型物品的收納，深處則是毛巾的收納，下方用來放打掃用具，依照用途來改變門板開合的方式，使用起來會很方便。

洗臉台旁邊的大型收納

也可以將放置吹風機、大條毛巾的家具，裝在洗臉台旁邊。

都市飯店用來洗臉的空間，兼具機能性與設計性，是值得效法的優點。首先是洗臉盆，最好是有兩個。家中成員如果是年輕世代，早上的行動可以更有效率，就算是60歲前後只有兩個成員的家庭，也還是會有「希望能有自己專用之洗臉盆（不想跟配偶共用）」的要求。當然的，這在演出方面也能形成高級的氣氛。

讓我們來看看讓兩個洗臉盆排在一起的最小尺寸。較為小型的洗臉盆直徑為30cm，30cm×2＝60cm。牆壁跟洗臉盆、兩個洗臉盆之間的間隔為20cm，所以是20cm×3＝60cm。60cm＋60cm，總共須要120cm的寬度。另外，洗臉盆的寬度如果在1m以上，則可讓兩個人併排在一起使用。此時可以裝上兩個水龍頭，以較低的成本來得到兩個洗臉盆的方便性。

洗臉台的設計，比較常見的是將CORIAN當作櫃檯表面的材質，加上CORIAN的洗臉盆來一體化的手法，以及擺在、埋在木製的櫃台內等等。此時，櫃台一般是用合板貼上木頭薄片來塗上聚氨酯塗料，或是用相接的木材加上聚氨酯塗料。

如果不堅持於洗臉盆的數量，將櫃台桌、洗臉盆一體成型的陶瓷洗臉盆裝到牆上，是非常簡單的手法。陶瓷的抗水性強，尺寸豐富且價格低廉，就算成本不高

在人造大理石的櫃台桌設置3面鏡子之收納案例

設置兩個跟櫃台一體成型的洗臉盆，正面為3面鏡子的收納櫃，櫃子底部為間接照明。

150

550

400

400

將洗臉台下方的收納架高，可以減輕狹窄的空間所造成的壓迫感，也可以用來放置水桶或體重計

在櫃台桌裝設半埋入式之洗臉盆的案例

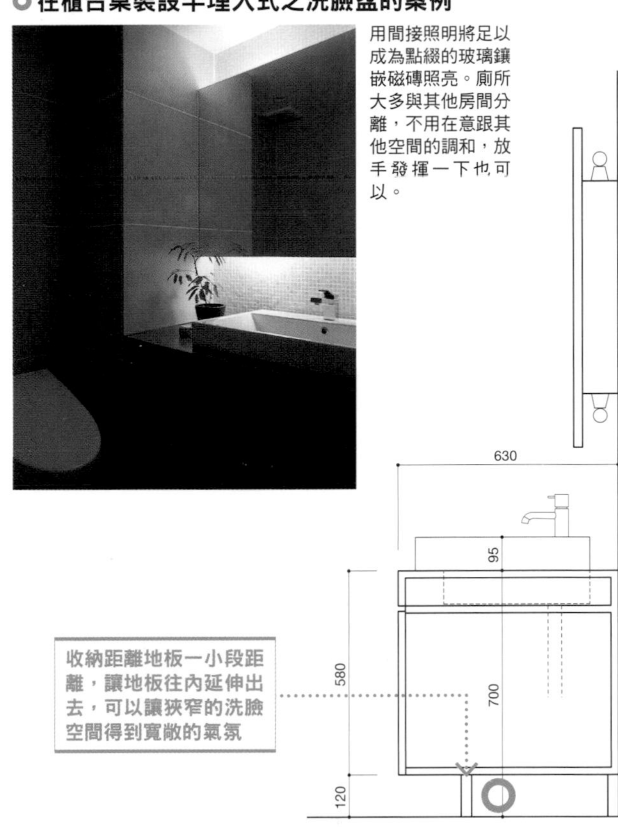

用間接照明將足以成為點綴的玻璃鑲嵌磁磚照亮。廁所大多與其他房間分離，不用在意跟其他空間的調和，放手發揮一下也可以。

630

95

580

700

120

收納距離地板一小段距離，讓地板往內延伸出去，可以讓狹窄的洗臉空間得到寬敞的氣氛

將附帶櫃台桌的陶瓷洗臉盆裝到牆上的案例

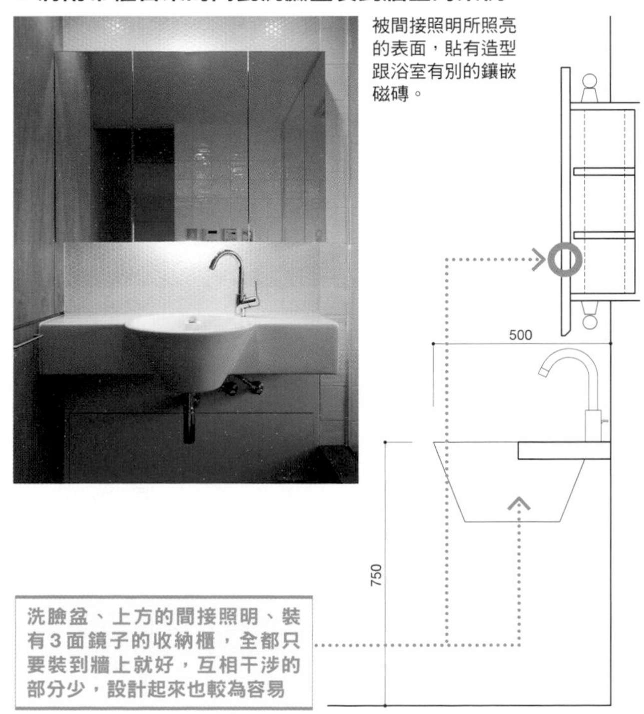

被間接照明所照亮的表面，貼有造型跟浴室有別的鑲嵌磁磚。

500

750

洗臉盆、上方的間接照明、裝有3面鏡子的收納櫃，全都只要裝到牆上就好，互相干涉的部分少，設計起來也較為容易

也可以採用。

另外，洗臉台的下方敞開，看起來會比較清爽。但完全敞開會讓水管露在外面，給人太過僵硬的感覺。用距離地面20～30cm的高度，來裝設上下40～50cm左右的收納，感覺會比較均衡。

用可以看清臉部的鏡子來贏得信賴

鏡子也是重點，用鏡子覆蓋整面牆壁也是一種手法。就算尺寸較大也能形成寬敞的氣氛，讓人可以毫不猶豫的採用。玻璃製的鏡子，寬1m×高1.2m以下的話，要取得並不困難。鏡子那5mm的厚度跟裝潢用的磁磚相同，洗臉台的牆壁如果是使用磁磚，則可以形成平坦的表面。固定方式，是將饅頭一般的專用接著劑暫時貼到牆上，然而將鏡子壓上去讓接著劑延伸。這種方式相當的牢固。另外，鏡子跟牆壁還有天花板的相接處，必須採用密封處理。

反過來，也可以使用寬150mm左右的細長鏡子。只要距離30cm以上，就算寬度只有15cm，也能將臉部完全照出來。如同右頁中間左邊的**照片**，用好萊塢風格的燈具，從兩旁將細長的鏡子照亮，化妝時非常的好用。

如何創造如飯店般的廁所

廁所是用來發揮創意的空間。因為空間狹窄，就算比較講究，對於成本的影響也不大。屬於完全獨立的房間，不用考慮跟其他空間的統一性，可以使用只屬於廁所的顏色，也可以嘗試照明所帶來的演出效果。「當作款待客人之空間的一部分」只要跟委託人這樣講，比較講究的設計也容易得到許可。

首先是牆壁跟天花板的表面，考慮到氣味的問題，建議使用矽藻土等灰泥的材質。這些跟照明也很好搭配。地板採用木頭也可以，但如果有小孩容易弄髒，也可以考慮容易保養的石頭。

廁所在最近的主流，是使用無水箱的馬桶，但另外要有洗手的設備。洗手器可以裝在馬桶前方，不會妨礙出入口的門的位置。遙控器、衛生紙的捲紙器、吊毛巾的架子則可以全部整合在洗手器的前方。裝設高度基本上會跟洗手器的頂端湊齊。

另外，換氣扇跟管線用的風扇，要盡可能隱藏起來，絕對不可以被看到。門跟天花板之間的空隙只要有2㎝左右，就能得到換氣效果。在收納下方裝設間接照明，會較容易營造氣氛。

讓廁所之空間力求精簡的技巧

平面圖（S=1：50）

900

1,200

位在角落的洗手器不容易阻礙行動。間接照明對訪客來說，是項很貼心的設施。

隨著無水箱馬桶的小型化，只要有寬800～900㎜、長1200㎜～左右的空間就能裝設。但必須要有洗手器

截面圖（S=1：50）

將遙控器跟捲紙器擺在洗手器的上方，設計時要先整理好各種設備的位置

遙控器

捲紙器

750

截面圖（S=1：50）

20

1,040

2,200

1,140

換氣扇

將廁所衛生紙的收納櫃當作間接照明。順便用收納門將換氣扇擋住，讓空間更為清爽

有時也會須要手把，必須考慮裝設的位置跟質感。

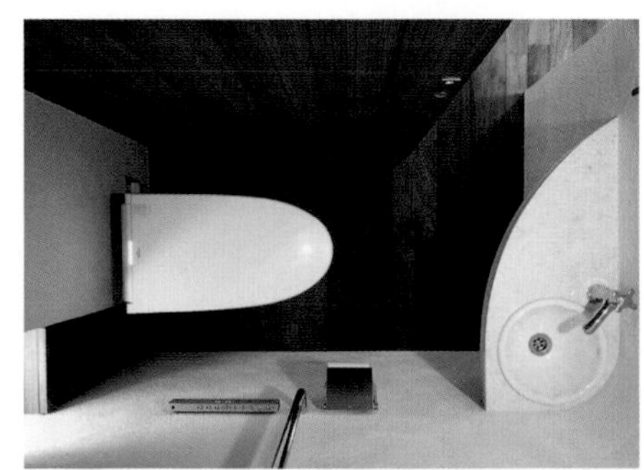

精簡的洗手器，同時設有放置毛巾或小型物品的櫃台。

寢室

以表面材質與收納技巧打造令人放鬆的寢室

寢室的用途非常多元。有些人會將此處當作個人房間來使用，但我個人認為，這個房間應該是可以好好休息的空間。

選擇寢室表面材質的時候，可以用兩種方式來思考。第一是當作LDK的延長，另一種則是當作關起來的房間，使用與其他空間截然不同的氣氛。不論是前者還是後者，都要選擇除濕性高的建材，以免濕氣轉移到床舖上。混入幼沙的熟石膏跟矽藻土等材質，對於灰塵有吸附的性質，還具有隔音效果，包含罹患氣喘的委託人在內，得到很好的評價。

就演出方面的效果來看，如同飯店內所能看到的，可以在床頭板背後的牆壁，使用不同的色彩來當作點綴。這是想要改變寢室的氣氛時，非常有效的作法。另外，如果只是用來當作睡眠的場所，天花板高度較低也沒關係。

更衣室要開還是要關

寢室的另一個重點，是如何與更衣室（WIC）相連。基本上，委託人如果會用化學藥品來驅蟲，那就用門來跟寢室區隔。如果沒有的設計，則將門省下，採用開放性的設計，使用起來也比較方便。有些委託人會將此處當作金庫使用，必須要有可以上鎖的構造。

可以緩和寢室氣氛的小技巧

◎寢室不放太多家具

寢室不要放置櫥櫃等家具，頂多是擺上收納箱。透過更衣室來得到清爽的感覺。

◎使用具有除濕、除臭機能的表面材質

寢室的表面材質，最好是使用熱石膏等除濕、除臭效果良好的灰泥牆。

◎擺在窗邊櫃台與床舖之間的收納

在床邊收納另一面的下方裝有抽屜，可以放許多書籍。

床邊的收納可以放置鬧鐘跟書本等物品。採用穿透性的構造來得到適當的光線。

在寢室內設置更衣室（WIC）的案例

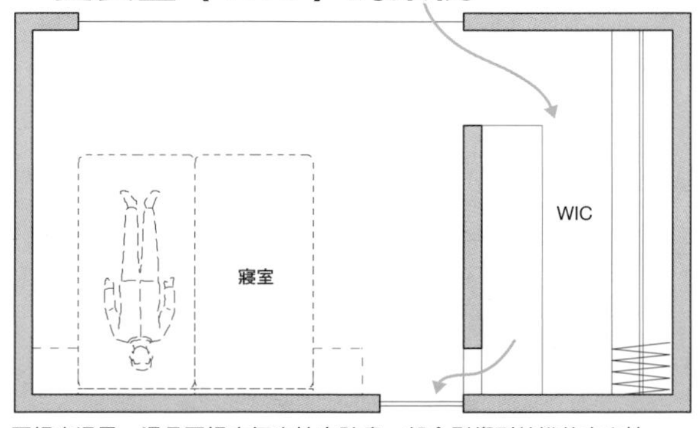

要提高通風，還是要提高氣密性來防蟲，都會影響到結構的方向性。有時也會在更衣室的入口裝上玄關鎖，旅行等外出的時候當作金庫使用。

Watchable Technique **讓木頭的設計更加時髦！**

修繕出有品味的木造空間 如何有效使用〔椴木合板〕5

**椴木合板的價位恰到好處，是裝潢設計最常使用的材料。
表情比貼上板材更加溫和，可以實現充滿品味的自然空間。
在此用Chitose-Home的兩間展示屋當作範本，介紹怎樣漂亮的使用椴木合板。**

2 用不同的素材來形成對比

與其所有牆壁都使用椴木合板，不如以特定的法則來組合不同的素材。在本案例之中，與室外相鄰的牆壁使用白色的壁紙，內部區隔的牆壁則使用椴木合板。照片是玄關大廳跟飯廳。

1 從設計的階段就進行分配

使用椴木合板的時候，設計上最讓人費神的作業是「分配」。本案例特別強調橫的接縫，所有接縫都調整在同樣的高度。因此在進行分配時，除了天花板的高度之外，還要連廚房櫃台跟電視架的高度也一起納入考量。

「Jupiter Cube L」

3 重點在於如何呈現接縫

在本案例之中，橫向的接縫全都相隔4㎜的距離。接縫的間隔跟板材的厚度相同，可以形成美麗的外觀。相反的，縱向的接縫全都是讓板材緊密的貼在一起。能否讓接縫美麗的被呈現出來，全都得看施工的精準度。

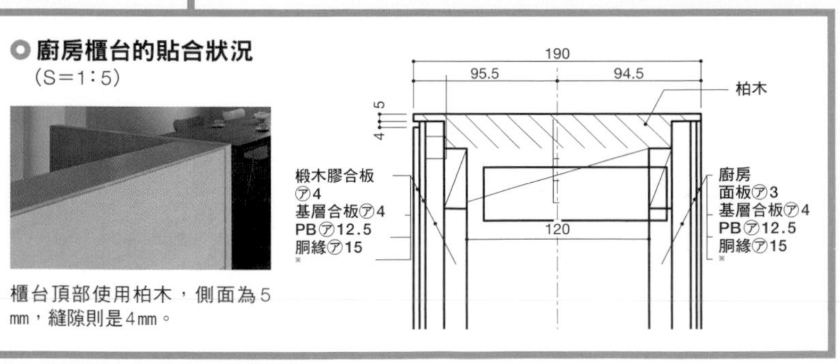

廚房櫃台的貼合狀況
(S＝1：5)

櫃台頂部使用柏木，側面為5㎜，縫隙則是4㎜。

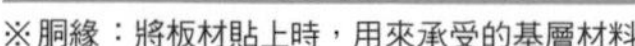

※胴緣：將板材貼上時，用來承受的基層材料

拍攝：石井紀久

4 和室天花板也能使用

椴木合板的木紋筆直且質感細密，也適合搭配和室。在這棟「JUST 201」，與客廳相鄰的和室天花板，使用跟客廳一樣的椴木合板來當作表面材質，讓空間得到連續性。因此與其說是和室，比較屬於地板高出一層的小型空間。

「JUST201」

和室沒有裝設和風拉門的壁櫥，而是使用椴木合板的櫥櫃，沒有設置手把，用磁鐵吸附的門扣來對應。

玄關櫥櫃的門板，跟客廳收納的門一樣，在表面使用椴木合板，讓空間得到連續性。

5 統一使用椴木合板來當作收納櫃的門

所有牆壁都使用白色壁紙的案例並不罕見。遇到這種狀況時，可以讓收納的門板統一使用椴木合板。在本案例之中，和室的收納與客廳壁龕下方的收納、玄關收納的門都使用椴木合板，來成為空間的點綴。另外，同樣的表面材質斷斷續續的連在一起，也可以讓空間產生連續性。

Data

「Jupiter Cube L」
建築面積：85.84㎡
地板面積：153.01㎡
價　格：2,200萬日幣（包含陽台工程）
規格：內部裝潢（壁紙1000單位、椴木合板縫隙間隔4㎜＋PB 12.5㎜基層構造）、地板材料（Live Natural）

「JUST 201」
建築面積：67.65㎡
地板面積：124.65㎡
價　格：1,430萬日幣（含陽台）
規格：室內牆壁（壁紙1000單位）、地板（橡木、實木地板＋「Kinuka」塗料）、天花板（椴木合板縫隙間隔4㎜＋PB 12.5㎜基層構造）

所 在 地：宮崎市
構　　造：木造軸組架構法
設計、施工：Chitose Home（Four Sense代表公司）

千錘百鍊的內部裝潢值得推薦的配件

「Kamiya Full Height Door」（神古Corporation）

從地板延伸到天花板，可以完全貼合、給人清爽印象的全高門。天花板高度以訂製的方式，對應～2600、～2400、～2100㎜的尺寸。毫不起眼的門框讓空間得到連續性。想要實現高格調又老練的內部裝潢，提升室內門板的等級，也是一種方式。

Watchable Technique

更加積極的使用"美麗的顏色"！

如何不花大錢來提升品味〔色澤、花樣〕的搭配方式6

**就算使用種類繁多的顏色跟花樣，也能整合出清爽又自然的空間。
Moco House的展示屋，就是用這種充滿自然的空間，來掌握參觀者的心。
讓我們來看看在該公司進行設計的瑞典建築設計師Thomas Beckstrom的搭配手法。**

1 用深色的地板來當作「色盤」

要運用種類豐富的色彩，並不是件簡單的事情。沒有調整均衡的話，會讓空間失去沉穩的氣氛。這棟建築，在1樓地板使用松木跟深棕色的塗料。用沉穩的顏色來成為基本架構，讓地板成為「色盤」。在這上面加上豐富的色彩，也比較容易維持均衡。

2 將彩度較低的色彩用在通往大門的牆壁上

住宅這種小型空間，會讓許多牆壁出現在視線內。因此在分配顏色的時候，也會以牆壁為中心。大多數的委託人都希望能有明亮的空間，所以會選擇亮度較高的顏色。若是使用複數的色彩，則要考慮到統一性，基本會選擇彩度較低的顏色。另一點則是讓賦予顏色之牆壁，在排列時擁規則性。在本案例之中，以面向大門的牆壁為主。另外，將面向深處的牆壁跟天花板塗成白色，可以讓有顏色的牆壁跟白色的牆壁、天花板形成對比，突顯出色彩的效果。

從客廳連到2樓的透天樓梯，將面對大門的牆壁塗成水藍色。

3 讓牆壁的色彩以「外飛地」的方式越境

將牆壁的顏色，以較小的面積用在別的場所，也是有效的作法。就算區域被分隔開來，以同樣的法則來運用色彩，可以讓設計主題以「外飛地」的方式擴散到各個角落。本案例用綠色的地毯跟和室水藍色的凹間來提升效果。

4 讓木材適時發揮它的功能塗上顏色潤飾

本展示屋以適度的木質感而呈現淡雅的理由之一，在木材上塗上各種顏色為其重點。其一是除了發揮木材的效果之外，還有一個重點就是牆壁。塗漆的牆壁有洗臉檯、廁所及寢室。由於這些地方並不是主要的空間，所以不用在意空間的連續性、而且也增加了塗漆的樂趣。此外、就算塗漆也能傳達木材的特質，所以並不會失去「木之家」設計風格。

廁所的牆壁塗上紅褐色油漆

採訪・文＝大菅力　拍影＝渡邊智美(52頁中央、53頁中央、左上)

家中各個部位都有活用紡織品。利用傾斜屋頂（屋頂隔熱）的小孩房的衣櫥門（左）、小孩房跟書房的區隔（中）、玄關鞋櫃的門（右）。全都是在IKEA以數千日幣／m的價位購買。

和室凹間使用Ougahfaser（德國以碎木片製造的壁紙）跟水藍色塗料。這個顏色，表現出日本傳統色彩的藍白（※）。此處一樣是用紡織品來取代壁櫥的紙門。

※進行藍染的時候，第一道工程所能得到的淡藍色（幾乎接近白色）

食品儲藏室的區隔也是使用紡織品，跟正面斑點花紋的鑲嵌磁磚搭配，非常值得參考。

5 價位低廉又能發揮絕佳的效果！活用紡織品

要讓廣大的面積得到色彩，上漆是有效的作法，但如果要更進一步增加色彩的細節，則必須踏入「花樣」的領域。而這正是紡織品（布料、編織品）的強項。複雜又有規律的組合各種色彩，善加利用可以一口氣提升居家氣氛。本案例之中，除了廁所跟浴室之外，一般用門板來區隔的部分，全都使用IKEA所製造的低價位紡織品。跟門板相比價位低廉，種類也非常的豐富，要是看膩了還可以自己尋找喜歡的花樣來換上，機能方面也沒有什麼問題。

6 利用家具來成為點綴的顏色

紅色跟橘色等暖色系的顏色，很容易吸引人的視線。光是在狹小的面積使用這些顏色，就能成為空間的點綴。以家具或小配件的方式來擺設，也非常的有效。在本案例之中，飯廳的椅子雖然是紅色，但是跟綠色、水藍色的牆壁重疊，看起來就像是分散在空間內部，為室內增添一份色彩，生活的樂趣也更加提升。

Data

「櫸木板之家」

設計、施工：Moco House
建築面積：76.10m²
地板面積：115.50m²
規　格：室內牆壁（Ougahfaser、聚氯乙烯壁紙、松木）、地板（赤松、實木地板30mm厚）

瑞典的建築設計師Thomas Beckstrom先生，活用單邊傾斜的屋頂，打造了這棟附帶閣樓的木造2層樓建築。隔熱性、氣密性全都屬於最高等級（Q值1.4W／m²・K、C值0.1cm²／m²）。只用1台給9坪空間使用的冷氣，來涵蓋家中所有的空調機能。採用將整棟住宅當作大型客廳來待的「One Living Space」思想，盡可能的排除門板跟區隔物

玄關

Entrance

氣氛良好的玄關重點在「往內拉」

在分配住宅的各個部位跟房間時，玄關受人矚目的程度，僅次於建築的外觀。而玄關同時也是連接室內跟室外的地點，近幾年來受到生活形態之多元化的影響，玄關有時也兼具作業場所跟短期性收納的機能。

位在道路旁邊無法往內拉的玄關通道

若是無法往內拉進去，可以採用傾斜的入口，來得到設置通道的空間。以植物當作圍牆的場所，只要有大約150㎜的寬度，就可以種上充分的植物

跟步道之間只要有點綠色的景觀，就能給人充滿大自然的印象。

比較可以往內拉的玄關通道

用沒有設置圍牆的開放性構造，將步道融入通道的空間。

不可以讓家中被外側看到。要設計成如果玄關前有小偷，可以從外側看到的構造。

車輛的場合，可以不被雨淋到、不脫鞋子的從停車場移動到玄關、收納，再來放東西

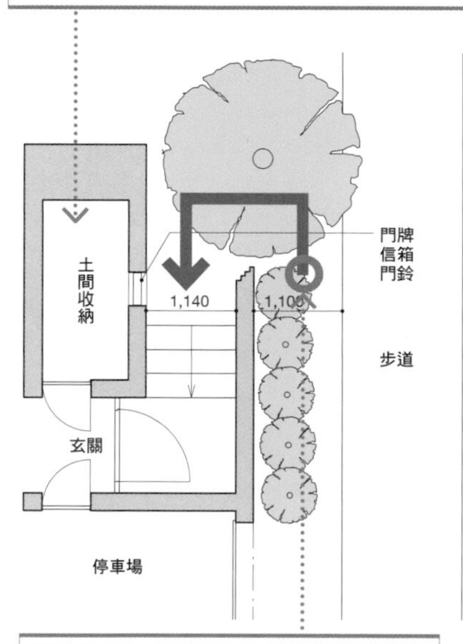

從室外進入玄關時，用翼牆等構造來形成必須繞進去的動線，不論是外觀還是心理上都可以得到沉穩的印象

氣氛良好的玄關重點在於「往內拉」

不論是什麼樣的狀況，都必須用跟通道的關係來思考玄關。首先是跟道路的位置關係，要是可以「往內拉」的話，基本上不會在用地邊緣界設置圍牆。可以像中間照片這樣，大大方方的跟步道化為一體。

要是無法「往內拉」的話，就從道路的邊緣往後退。只要有這15㎝的空間，就能種植可當綠籬的植物，做為道路與建築物間的緩衝，跟街上的關係也可得到明顯的改善。讓通道像**上圖跟照片**這樣轉彎，以傾斜的角度來進入玄關，可得到節省空間的效果。

思考玄關與生活空間的關係，同時也是想辦法不讓家中被外側看到。在設計上下功夫也可以，用鞋櫃擋住視線也是方法之一。

通道跟玄關是公共與私人的境界，要是能巧妙的實現「對外開放的同時，也將內部關閉起來」，就能成為氣氛良好、使用方便的場所。

玄關

Entrance

在土間、入口擋板※下功夫提升玄關氣氛

玄關是公與私的境界，身為屋外之延長的土間，透過入口擋板來跟室內連繫的場所。土間跟入口擋板，還有地板的材質，必須讓室外跟室內可以緩緩的連繫在一起。

在大多數的案例之中，會事先決定好地板的材質，此時要一併決定土間跟入口擋板的材質。左邊的圖跟照片，是比較常見的幾種組合。

上方的圖跟照片，是在土間使用大理石的案例，入口擋板一樣也是選擇大理石。跟入口擋板相接的室內地板，如果使用木材，必須是海棠木等較為厚重的品種，才有辦法取得均衡。

除此之外，土間如果使用板岩或玉砂利（五色碎石）、陶瓦，入口擋板則可以選擇跟室內地板同樣的材質。陶瓦等具有質感的材料，跟松木還有蒲櫻木等擁有明亮氣氛的地板，相當容易搭配，可以形成休閒的氣氛。五色碎石則可以形成和風的氣氛，跟杉木還有日本落葉松很好搭配。此時，木材的節眼會比較多，不容易形成拘謹的氣氛，像下圖這樣將入口擋板省略，可以實現清爽又現代的氣息。

大理石的玄關土間

如果選擇石頭，可以用同一種石材來製作入口擋板，擋板的表面不會往室內延伸

鋪上石板

玄關土間如果使用石材，要先塗上防水劑來預防污垢

使用大理石的玄關土間，大多會裝上同樣材質的入口擋板。地板表面的材質是名為Balsamo的深褐色香木。

陶磚的玄關土間

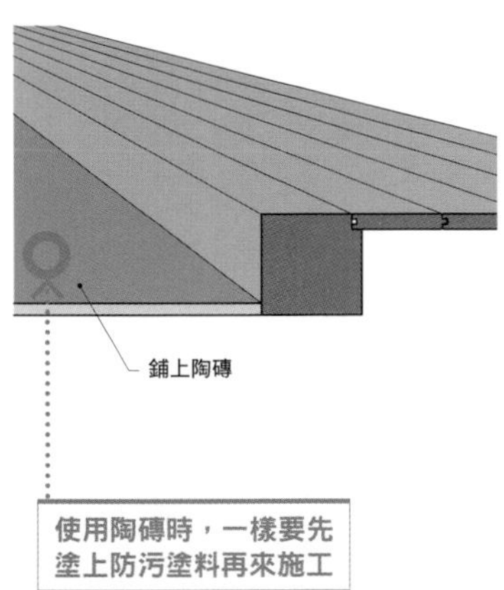

用陶磚當作土間的地面，搭配松木的入口擋板跟室內地板的案例。除了松木之外，也常常跟蒲櫻木等色澤明亮的地板搭配。

洗石子的土間

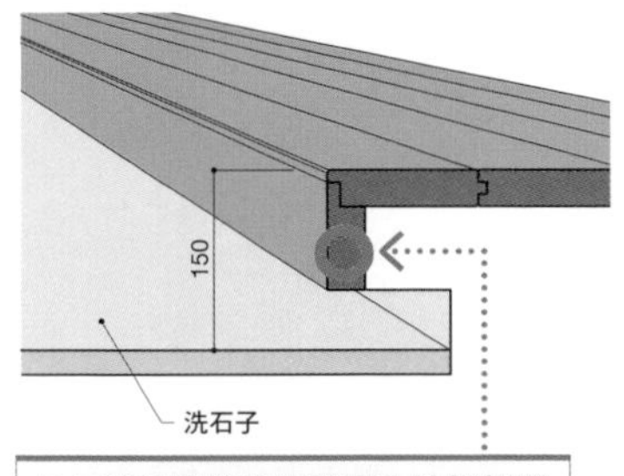

入口擋板直接使用跟室內地板相同的材質，讓外觀得到統一。可以讓高低落差的距離稍微增加，將入口擋板架高，讓土間的地面延伸出去，或是在此裝設間接照明

杉木的厚板跟洗石子的土間。直接跟室內的木頭地板相連，成為乍看之下沒有入口擋板的設計。

※入口擋板（上り框）：玄關內，分隔土間跟室內地面的垂直木板。

玄關

Entrance

不讓人感到狹窄的玄關收納設計

用裝飾櫃跟間接照明，實現不會讓人感到狹窄的玄關收納

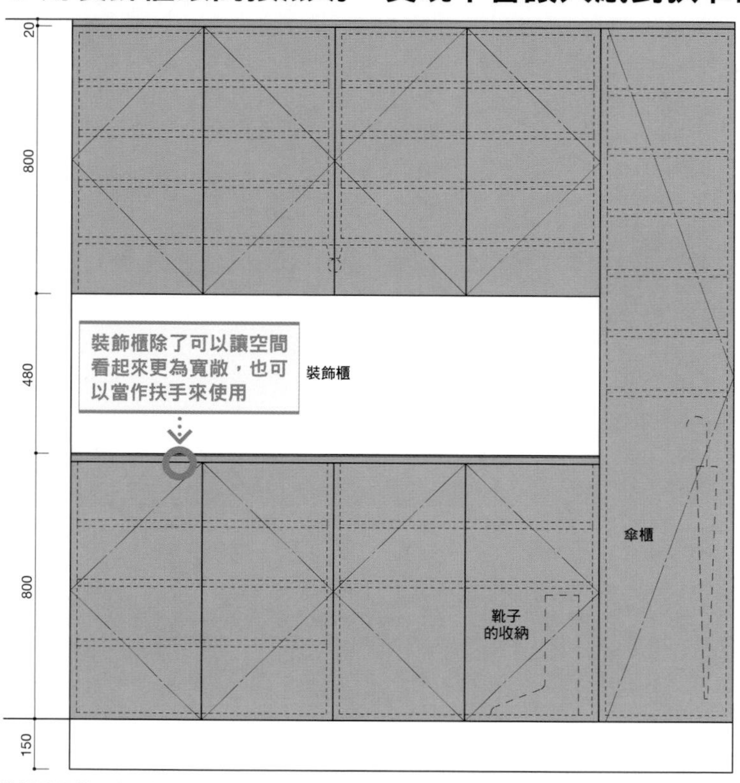

鞋櫃除了放一般的鞋子之外，還會用來放長靴跟雨傘等較長的物品。如果有相對應的活動櫃，使用起來會相當方便。另外會將一部分改成抽屜，來放置鑰匙跟零錢等小型物品。

為了降低玄關的壓迫感，跟門一起塗成白色。

玄關收納的表面材質，基本上要跟其他家具或門窗相同，以免家中給人不同的印象。為了不讓狹窄的玄關造成壓迫感，有時會跟牆壁化為一體或塗成白色。鏡子直接貼上不要加框，可以讓空間感變得寬敞。必須使用專門的接著劑。

玄關是連繫室內跟室外的出入口，必須收納的物品種類繁多、份量也不在少數。主要雖然是鞋類，但是從靴子到涼鞋、兒童鞋等等，尺寸並不一定。另外還會加上雨傘跟高爾夫球袋等比較長的物品，甚至是玩具。

除了思考怎樣有效率的收納這些物品，玄關同時也是款待客人的場所，要是裝設大型的收納用具，會增加壓迫感而造成負面的觀感。

間接照明跟鏡子的效果

為了達成這兩項要素，通常會採用**上圖**顯示的這種手法。重點在於將收納的中央打穿，並且將底部架高20㎝左右（跟入口擋板同樣的高度）。兩者都設間接照明來緩和壓迫感。間接照明的光源大多使用白色燈泡。

中央打穿的部分，拿來當作裝飾櫃。在此擺上花草或工藝品，可以表達迎接跟款待的心意。另外將裝飾櫃的頂部調整到手容易按住的高度，可以用來取代扶手。收包裹的時候，可以先把東西放在此處，使用起來相當方便。一樣的，架高的部分可以用來擺涼鞋等日常所穿的鞋子。

門板的材質，基本上會配合生活空間的家具。當收納完畢關上門的時候，為了不讓門板的設計顯得單調，不在門板上裝設手把，而是以錐狀的斜面取代手把。

就緩和壓迫感的觀點來看，仔細選擇裝設鏡子的地點，是有效的作法。如同上方**照片**這樣，不要使用外框將地板照出，可以形成寬敞的氛圍。

3

讓住宅看起來更有魅力

設計外觀的技巧

讓外觀

時髦呈現的技巧9

——關鍵在於計劃！

設計的品味先擺在一旁，精心策劃且造型清爽的外觀設計，一定會受委託人的喜愛。在此透過建築設計師．石川淳先生的作品，來介紹不論哪種設計品味都能應用的「精簡整合的手法」。

技巧01

顏色統一為黑白

精簡的極致是黑跟白。調色跟表面完工的難度都不高，黑白色的外框也不難找。對於色彩沒有自信的人，執行起來相當容易。石川先生大多會將黑色塗在木材上，跟素材的質感一起表現出來。

室內一樣使用黑白色的法則，更進一步強調統一感。

將木製的欄杆兼百葉、玄關門塗成黑色，來跟牆面形成對比的案例。黑白色的對比非常美麗。木材的質感也形成很好的效果（Y-SOHO）。

對低價位的住宅來說，外觀設計起來相當困難。這是因為有限的預算，必須優先分配給機能與內部裝潢。所以低價位住宅的外部裝潢，在於如何用市面上的製品，來創造出自己的個性。結果就只剩下去除各種要素，採用極為單純的垂直面這個選擇。在設計的時候，也要事先將這種垂直面納入考量。

市面產品的選擇方針

關於怎樣活用市面上的產品，石川先生的論調非常簡單。屋頂的材料為COLOR BEST（沒有石棉的屋頂材料）、Colonial（屋頂用的人造化妝合板）。頂部跟邊緣使用市面上的專用配件，在這個範圍內盡可能的湊出計劃中的尺寸。外裝使用砂漿的基本層，噴上或用油漆滾筒塗上賴胺酸。考慮到施工的方便性，選擇會因為骨幹而多少產生一些凹凸的完工方式。不會指定特定的產品，讓工程行使用自己最為習慣的材料。透過材料的選擇，來避免難度過高的工程。

然後是門窗外框，一樣選擇市面上的產品，但是跟屋頂還有外牆不同，有一定的法則存在（**參閱第63頁的技巧9**）。特別是上下左右較為細長的長條型窗戶。若是使用量產的造型窗戶跟外框，

技巧 02

減少從正面凸出的窗戶

牆上的各個部位要是有不整齊的窗戶往外凸出，會讓外觀變得雜亂。為了防止這點，正面外牆要盡可能的不使用窗戶。基本上會將樓梯間或收納、廁所等，不需要窗戶的房間集中在這裡。

經過調整，正面沒有任何窗戶的案例（A拍攝：上田宏）。

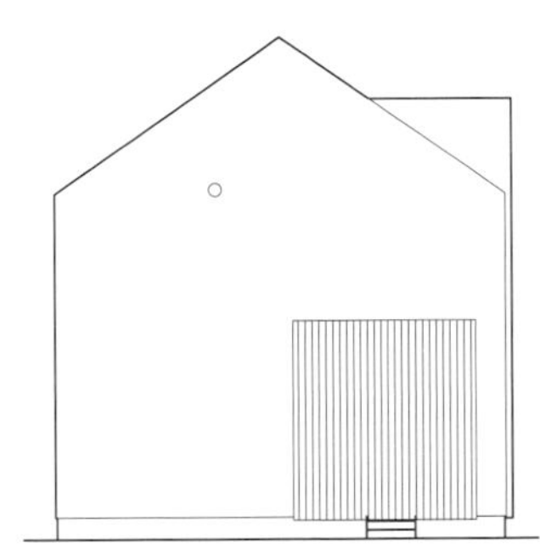

立面圖（S＝1：150）

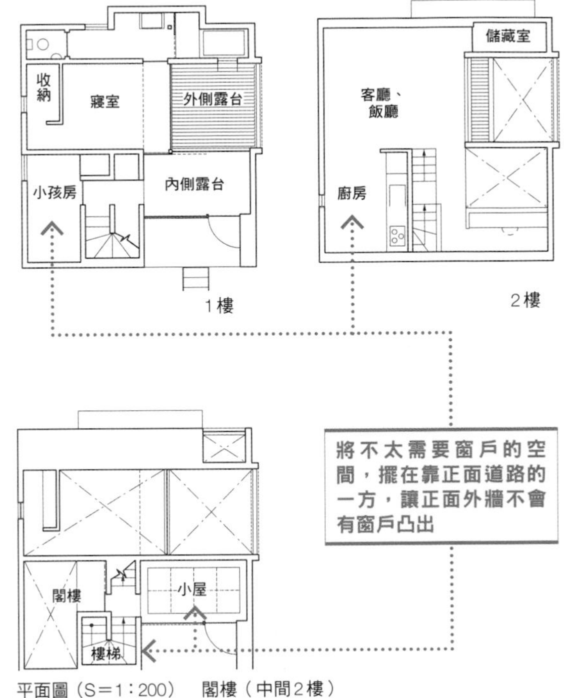

平面圖（S＝1：200）　閣樓（中間2樓）

將玄關擺在正面以外的案例。從正面完全看不到玄關。

繞到側面才會察覺玄關的存在

技巧 03

從側面通往玄關

玄關大門存在感非常的強烈，且大多位在正面的外牆。要是可以在計劃上進行調整，以側面來通往玄關，則不用將玄關大門擺在正面，外觀設計也變得比較輕鬆。

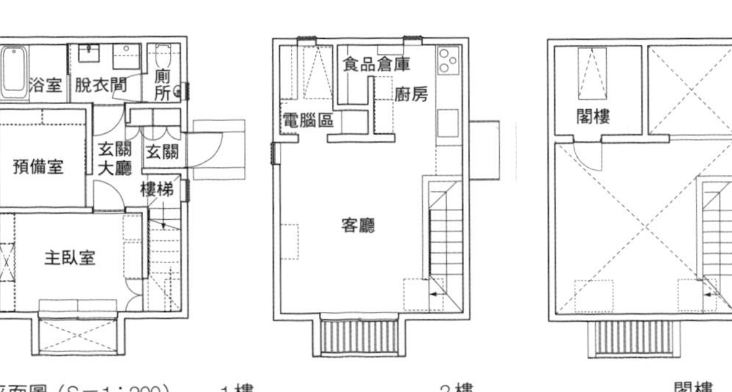

平面圖（S＝1：200）　1樓　2樓　閣樓

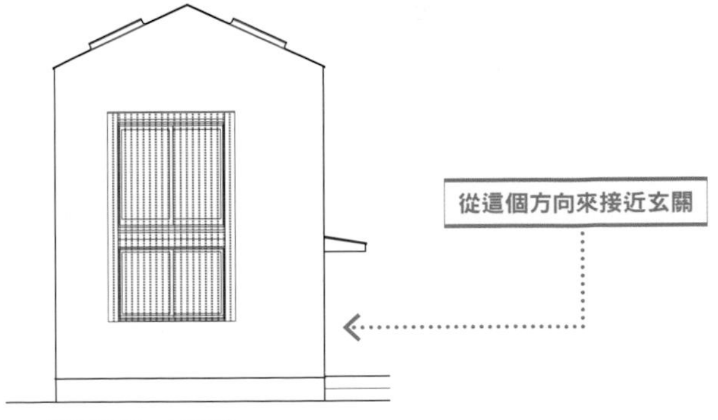

立面圖（S＝1：150）

技巧04

將兩種要素整合為一

窗戶跟玄關大門，要是非得擺在住宅的正面不可，把它們整合在一起是相當有效的手法。使用這種方式的時候，上下必須自然的連在一起，對於截面的設計要多下一點功夫。

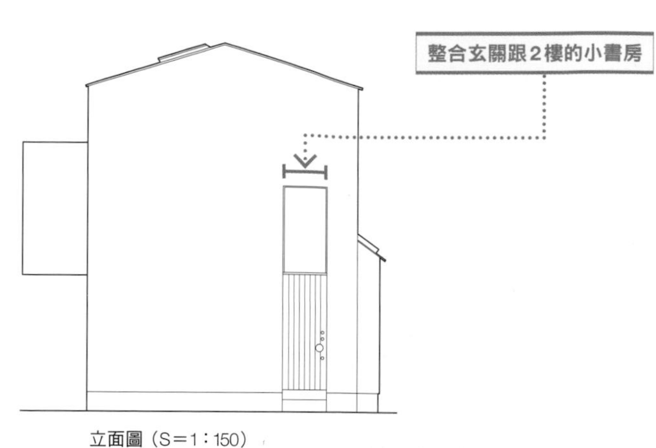

立面圖（S＝1：150）

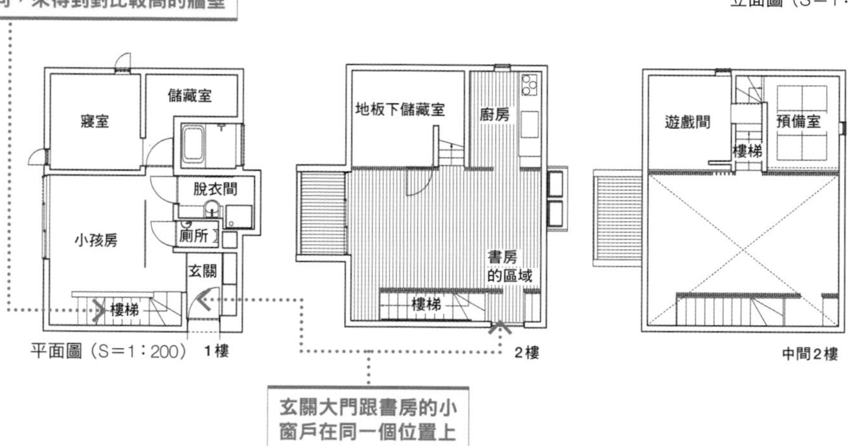

平面圖（S＝1：200） 1樓　2樓　中間2樓

將玄關大門跟固定式的窗戶連在一起，兩者一體成型的案例。

技巧05

將尺寸統一

當建築物的正面，出現窗戶等複數的要素時，可以將尺寸統一來得到一體感，這樣也比較容易給人清爽的印象。用跟正方形較為接近的長寬比來進行整合，會比較容易得到整體感。

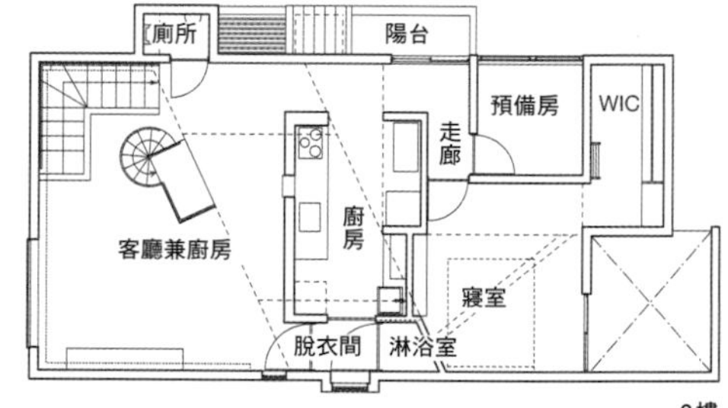

2樓

以同樣的尺寸，將門廊周圍跟2樓固定式窗戶統一的案例。（OUCHI-14）

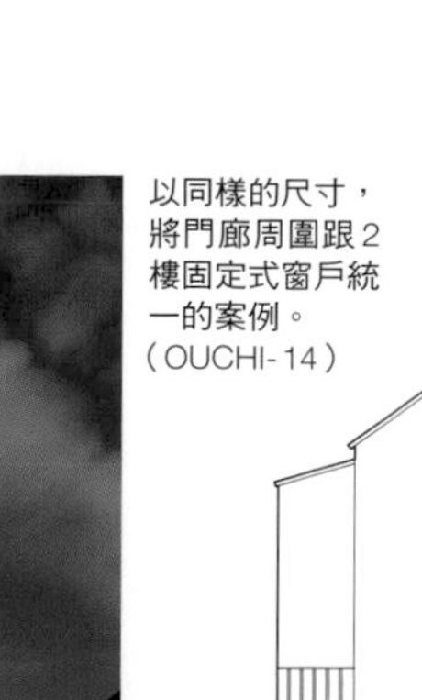
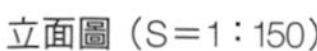

立面圖（S＝1：150）

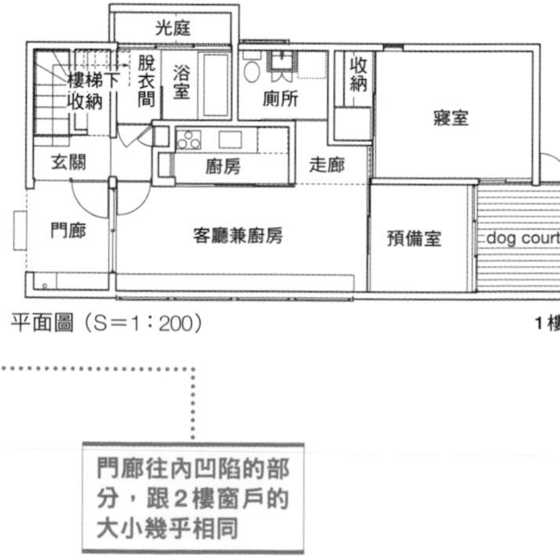

平面圖（S＝1：200） 1樓

技巧06

包覆起來合而為一

用某種結構將正面的窗戶包覆起來，也是有效的作法。利用陽台的圍牆順便將外來的視線擋住，是較為實際的手法。像本案例這樣，跟玄關大門形成尺寸上的對比，也相當有效。

用欄杆兼百葉窗將1、2樓的陽台包覆起來的案例（Y-SOHO）。

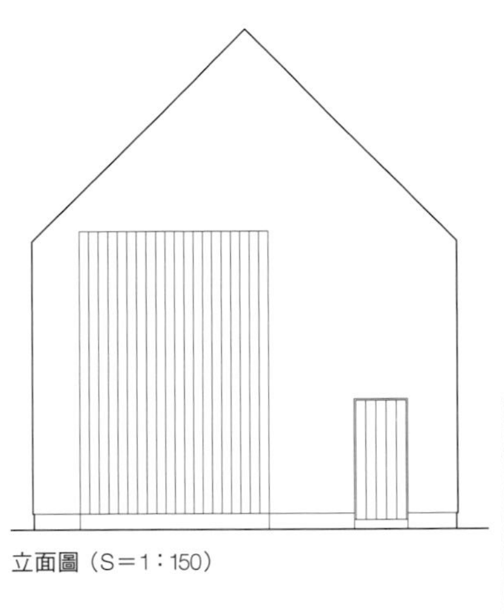

立面圖（S＝1：150）

將白天逗留時間較長的空間，整合在上下樓同樣的位置，開口處也是一樣

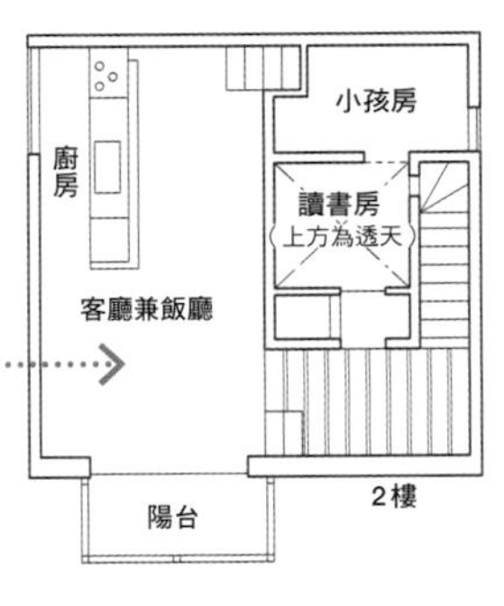

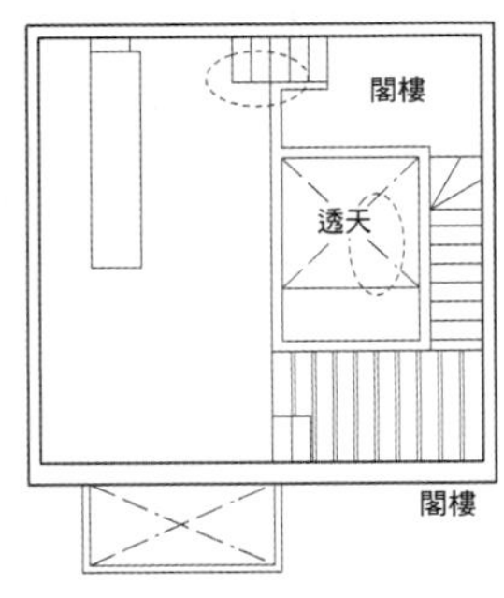

平面圖（S＝1：200）

馬上就會出現建商所推動之建案的感覺。用適合這棟建築的尺寸，來裝上長條型窗戶，才能展現出建築設計師所設計之住宅，應有的品味與風格。

減少要素

在此用設計上的方法論來看各個項目。

1．顏色

首先是篩選顏色的數量。白底加上黑色，可以創造出明確的對比，整合起來也比較容易。白底的表面材質，在先前已經有提到（58頁）。將黑色塗在木材表面也是重點之一。這樣可以讓木頭的質感浮現在表面，給人良好的印象，隨著時間的變化也比較自然。

這種手法的重點，在於減少顏色的種類，可以配合自己公司的風格來進行嘗試，找出最佳的組合。但如果是用中間色來進行組合，必須要有素材的質感才能做美麗的呈現，這會讓材料的成本增加，監理（管理）方面也必須更為謹慎。

除了黑白色之外，種類較少又比較容易成功的組合，有黑色或深藍色加上木材質感、白色加上銀色跟木材質感等等。

2．窗戶、玄關大門

會出現在外牆的要素，莫過於窗戶跟玄關大門。要是在計劃的時候，可以不讓這些要素出現住宅的正面，立面的整合就會變得輕鬆許多。將樓梯間、櫥櫃、廁所等窗戶較少、不需要窗戶的空間巧妙的擺在正面外牆的一方，很自然的就可以減少窗戶的存在。住宅用地如果朝北，這種方式整合起來應該會比較容易。除此之外，主張較為強烈的玄關大門，也要考慮是否可以裝在正面以外的牆上。理所當然的，管線開孔跟冷氣的冷媒管等設備，也都要一一下達指示，裝在比較不顯眼的外牆上。

將要素整合

在用地條件跟委託人的要求等限制之下，某些案例的窗戶跟玄關大門一定得裝在正面。此時可以用**4～6**的技巧來將這些要素整合。如果有多扇瞭望用的小型窗戶或是換氣扇，可以使用技巧**4**，如果2樓客廳必須要有陽台，則使用技巧**6**。無論如何都會有許多的要素出現，則可以運用**62頁**的技巧**7**。

其中的重點，就如同各個技巧的註解所說明的，在於用截面思考。觀察立面，如果要以整體的均衡為優先，必須讓開口處等各種要素的高度，以及地板跟天花板的高度進行整合，並調整截面上的設計。這樣雖然會提高設計

技巧 07

創造明確的凹凸

在正面外牆創造凹凸時，凹陷會比凸出更加困難。上下方向的距離若是沒有超過樓層的高度，會讓立面的均衡性變差，上方樓層的空間也會變得不三不四。計劃時要格外的注意。

把天花板較低的書房，擺在凹陷部位上方的樓層，藉此調整正面外牆的案例（拍攝：上田宏）。

巧妙的融入天花板比較低也沒關係的空間，來調整下方往內凹陷的均衡性

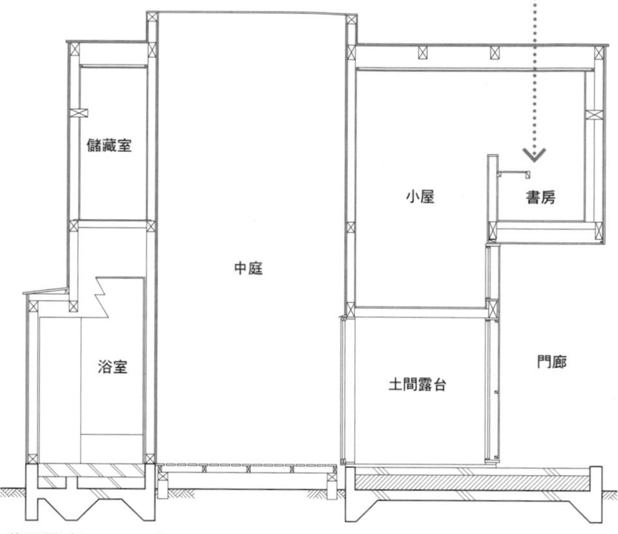

截面圖（S＝1：100）

技巧 08

用傾斜的角度讓牆壁插入

這是創造陰影的技巧之1。雖然不像技巧7般大量使用陰影，但如果能像本案例在造型簡單的牆壁上發揮，就會產生效果。本技巧的重點在於調整高度與方向，並巧妙的使用錯層的構造。

讓細長的牆壁穿過上方2個樓層，藉此整合牆壁跟建築計劃的均衡性

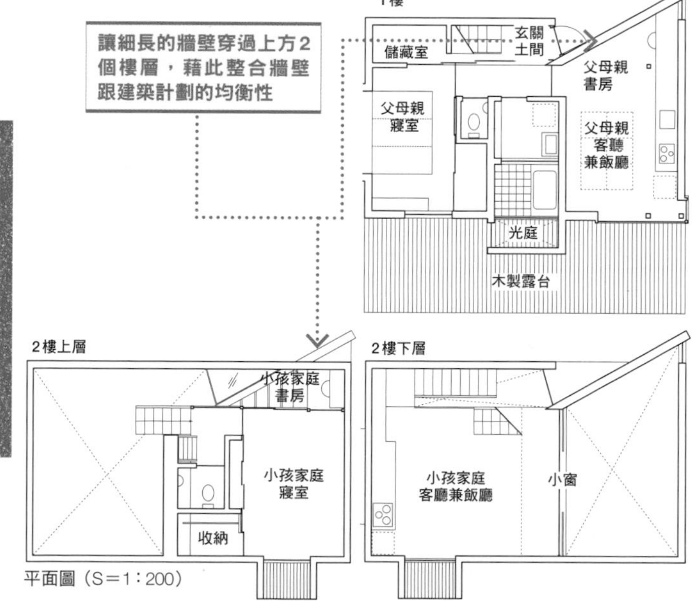

平面圖（S＝1：200）

整合縫隙上的牆壁高度跟建築計劃，形成均衡的造型

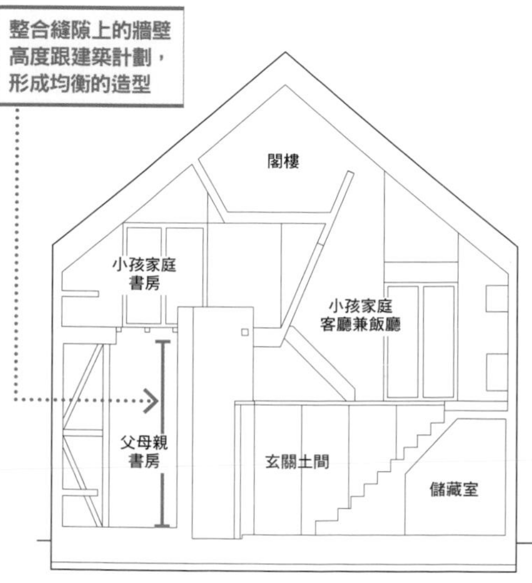

截面圖（S＝1：150）

用傾斜的角度來設計通往玄關的通道，利用穿入外牆的翼牆來製造陰影的案例。

以近距離來看通道。穿入的翼牆比想像中的還要立體（OUCHI 拍攝：上田宏）。

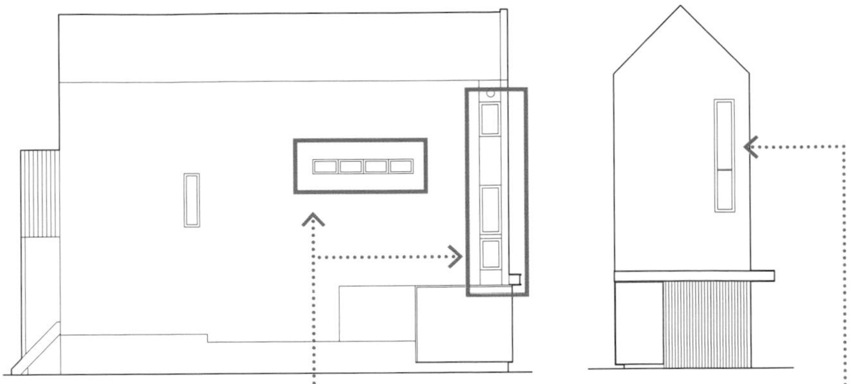

立面圖（S＝1：150）

將市面產品分割來湊齊

上方的窗戶是特別訂製的固定式

本案例使用細長的固定式窗戶。超過現場製作之尺寸的界限，以木框來進行裝設（T-3g）。

整面牆壁的開口如果分成三面，可以使用較為方便的尺寸。外觀也會比二面更加輕盈（OUCHI 拍攝：上田宏）。

縱向外推窗的範例（Tostem「Duo PG」）

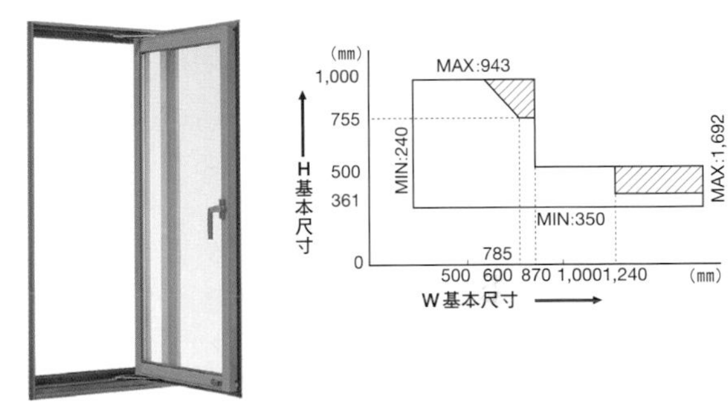

內倒窗的範例（Tostem「Duo PG」）

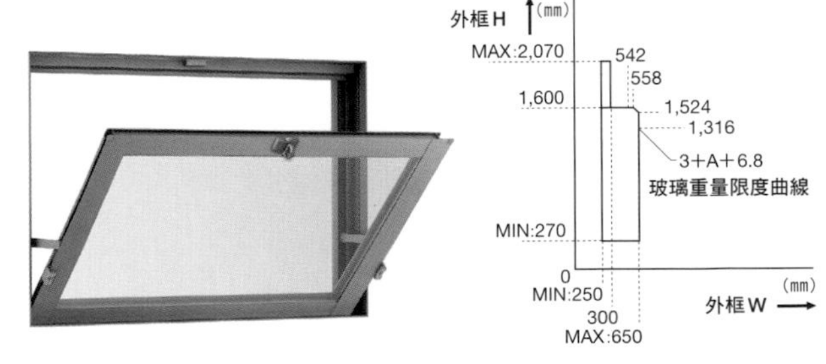

技巧 09

善用成品的窗戶外框

基本上一般預算的住宅會使用市售的窗戶。但是如果能夠調整窗戶的尺寸，就會大幅改變外觀。上下細長的窗戶外推、左右細長的窗戶內拉，基本上大型窗戶以3扇為主。

的難度，但如果因為麻煩，就妥協於一般的地板高度跟尺寸，沒有完全將要素整合，只將線條拉在一起或是兩個窗戶排在一起，氣氛馬上就會淪為一般量產性的建案，請務必要努力堅持下去。截面的變化同時也可以讓內部空間擁有多元性的結構，讓提案的水準確實往上提升。

在要素加上陰影

先將要素減到最低限度，再來強調各個要素，成為讓人印象深刻的外觀。此時相當有效的作法，是加上陰影。最好是大膽的形成凹凸。這種作法跟整合要素的技巧很好搭配，建議可以一起使用。就算使用這種技巧，還是得調整截面上的建築計劃，才能有效分配凹凸的位置。

屋頂要靈活的調整

最後是關於屋頂的形狀，此處不會以立面為優先，而是將法規跟設計擺在第一。順著北側的斜線來決定傾斜角度，或是為了所設計的天花板高度，採用角度尖銳的傾斜面等等，要配合各個案例的條件來決定。反過來說，只要用技巧1~9來整理各種要素，不論是哪一種屋頂，都可以得到均衡的外觀。（大菅力）

現代和風
關鍵在於〔木材的用法〕

現代和風的重點，在於是否能透過「木材的用法」來表現出日式風格。利用格子門跟樹籬有效設計出和風的造型，是很重要的。

拍攝：山田新治郎

「Earth House · Concept House」

設計、施工：神奈川Eco House（岸末希亞）
所在地：神奈川縣 藤澤市
構　造：木造軸組架構法
建築面積：122.55㎡
地板面積：158.99㎡
價　格：非公開

現代和風，是將日本自古以來的數奇屋※或町屋※，與西洋設計理念的現代性（Modernism）相互融合的建築。減少裝飾的數量，實現精簡設計的同時，採用切妻（山形）屋頂等日式傳統建築的代表性造型，木材、左官（灰泥）等和風材料也巧妙的融入其中，稱得上是適應日本風土、所有日本人都能接受的設計。

其最大的特徵，在於「木材」的使用方式。現代精簡主義跟現代和風，都以現代主義的設計思想為基礎，有時會變得相當類似，唯獨在「木材」方面有著很大的不同。就算是同樣的造型、同樣的材質，只要裝上木造的格子，和風的氣息馬上就會被強調出來。另外，貼在外牆的羽※目板、真※壁（或是現場製作的真壁風格的結構）也都可以強調和風的氣息。

就運用木材的含意來看，植栽（園藝）也很重要。日本傳統樹種的樹幹較細、上下比較細長，種在特定的部位可以強調和風的印象。

話雖如此，要創造出和風的氣氛並不是件困難的事情。更加重要的是擁有現代性的設計。對於精簡造型跟材料的堅持，比什麼都來得重要。（編輯部）

※數奇屋：與茶室融合的傳統日式住宅。
※町屋：町人〔江戶時期住在町內（市內）的人們〕的傳統日式住宅。
※羽目板：將木材連續貼在同一個平面的構造。
※真壁：支柱裸露在外的牆壁。

現代和風外觀設計的技巧 11

這棟建築擁有非常巧妙的和風設計，讓我們一邊介紹11種設計技巧，一邊說明其中的重點。

01 降低建築物的樓層高度

降低樓層高度，讓建物整體的高度也跟著下降，可以一口氣提升外觀的均衡性。特別是跟傾斜屋搭配的時候，讓2樓窗戶框內的高度與屋簷的高度一致，就不會給人鬆散的感覺。

02 用刻劃的深度來創造表情

對現代和風來說，屋簷下的空間所形成的陰影，是設計要素之一。對於建築的外觀，要盡可能的刻劃出具有深度的造型。把陽台擺在外牆以內的部分讓屋簷的距離加倍，車庫還有門廊跟1樓融合在一起等等，都能有效的創造出陰影。

03 使用灰泥風格的外牆

和風的住宅，最適合跟塗上、噴上灰泥的牆壁搭配。如果使用乾式的牆板來當作底層，可以用彈性塑土將縫隙填平，讓外牆得到灰泥般的風格。

04 在外牆使用真壁

在外牆使用真壁（或是設有裝飾性的柱子，風格與真壁相似的牆壁）可以強調和風的氣氛。為了避免成為民房的風格，此處只用七寸的柱子來形成縱向的線條。

05 使用木造的直格欄

格子窗戶是和風建築代表性的結構之一，兼具實用性與設計性。盡量不要選擇千本格子※或親子格子※等表現太過纖細的款式，盡量採用構造精簡的類型。此處使用木板排列而成的「炭屋格子※」，能夠防止車輛的灰塵跑到室內。

※千本格子：間隔與木材都非常細的格子。
※親子格子：以一定順序排列長短木材的格子。
※炭屋格子：間隔較小、木板較寬，防止炭灰往外飛的格子。

06 屋簷的邊緣看起來要薄一點

為了以輕快的氣氛來展現出現代主意，可以讓椽木邊緣稍微降低一點，形成尖銳的造型。如果不想去動到屋簷，則可以讓博風板的前端變細，讓整個屋頂看起來更薄。

07 山形屋頂的傾斜度在3寸5分※左右

屋頂的傾斜角度如果太過陡峭，會成為鄉下風格的建築，稍微減緩屬於京都風格，太過平坦則會失去和風的色彩。若要展現出現代風格，最好是在3～4寸※左右。另外，現代和風的建築，基本上會使用山形屋頂，但是用廡殿頂來強調屋簷的水平線，也是現代建築的表現手法之一。

08 屋簷下方原則上是化妝底板※

屋簷下方，原則上要使用化妝底板。椽木排列出來的節奏跟底板，可以產生和風的表情。使用厚度40㎜的化妝底板，可以在準防火地區※使用。

09 用植物來表現和風的氣氛

日本建築跟庭院有著無法分離的關係，甚至可以說是「庭屋一如」。因此在表現和風的時候，植物是不可欠缺的要素。這棟住宅光是在這張照內，就可以看到梣樹、白木、具柄冬青、松田氏莢迷等植物。

10 留意窗戶的用法

雙滑門的門窗，不論進出還是通風，都是很有效的「和風開口」，但重疊的兩片外框有時卻也讓人感到厭煩。盡量使用可以呈現整面玻璃的外框，與其4面不如2面，與其2面不如1面。不只是雙滑門，也會採用往外推的窗戶。

11 使用木板的外牆

貼上木板的外牆，可以創造出和風的氣氛。重點是不可以像實接※、德國牆板※那樣表面出現凹凸，要使用羽目板的方式。只讓腰牆使用木板，這跟保護土牆的傳統性設計有相通之處，一直到2樓的外牆為止，最好可以貼上整面的木板。

用立面圖來看現代和風的外觀

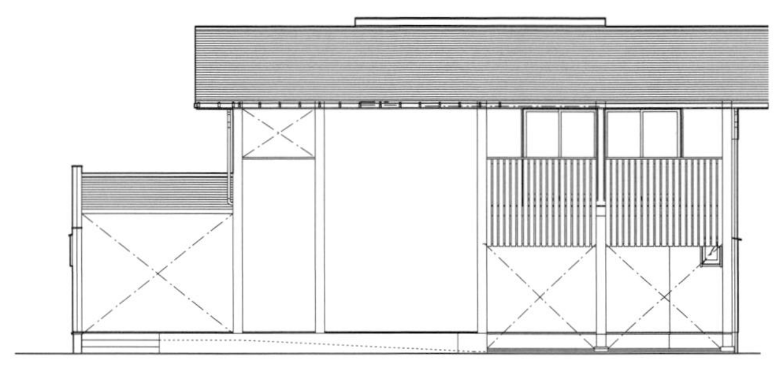

北側立面圖（S＝1：200）

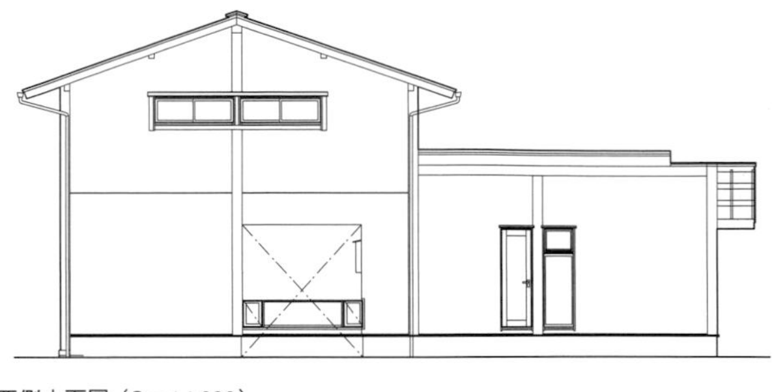

西側立面圖（S＝1：200）

南側立面圖（S＝1：200）

東側立面圖（S＝1：200）

跟Simple Modern一樣，盡量減少正面窗戶的數量，是讓外觀得到現代感的關鍵。調整窗戶的排列跟位置，把雙滑軌的窗戶擺在無法直接看到的位置等等，都可以讓設計更上一層樓。另外，降低屋簷的高度，也是維持整體均衡所不可缺少的重點。

用詳細圖來看現代和風裝設的感覺

● 縮小椽木前端的截面

如果用木造骨架的屋頂來跟室內搭配，母屋※最好要有一間（約1.8公尺）的間隔，因此大多會使用45（40）×105（100）mm的椽木。可是這樣會增加屋簷的厚度，為了讓屋簷得到銳利的外表，可以縮小椽木的切口或遮鼻板※的尺寸

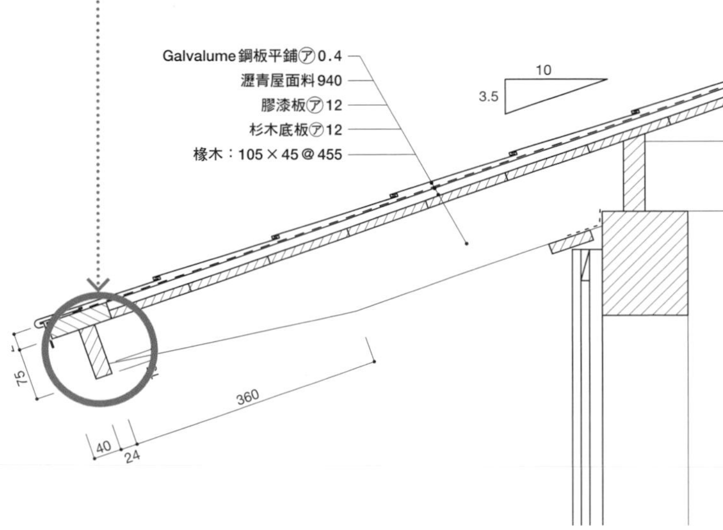

截面詳細圖（S＝1：10）

● 讓博風板的前端彎起

要讓所有的椽木前端變細，必須耗費很大的勞力。另外，屋簷的排水管，也可能決定屋簷給人的印象。讓博風板的前端比椽木更大，並且以弧形的方式彎曲（或是變細）使側面看起來更加銳利，也是一種方法

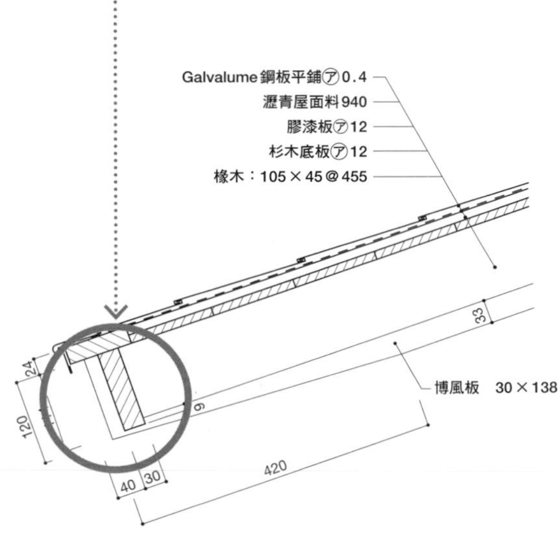

截面詳細圖（S＝1：10）

※母屋：在棟跟屋簷之間，用來支撐椽木的木材。
※遮鼻板（鼻隠し）：用來隱藏椽木尾端的木板。

如何挑選現代和風不可缺少的**植物**

適合現代和風之建築的植物，主要有3種要素。可以跟和風建築搭配的自然造型。可以感受四季的變動，會綻放花朵、果實、紅葉。符合日本的風土，自然的融入景觀之中，屬於日本本土的品種或是其近親。
在此介紹打造現代和風之外觀時，絕對不可缺少的樹種。

1 常綠、中樹
山茶花
將已經存在的樹木移植過來。葉子表面有光澤，從冬天到早春會開花。

2 樹籬
吊鐘花
樹籬最常使用的樹種。春天開花，在秋天轉為紅葉。

3 落葉、高樹
梣樹
在春天開出白色束狀的花朵。

4 常綠、中樹
含笑花
Port Wine
會開出具有甜甜香味的紅色花朵。原產於中國。

正門通道位在南側與道路相接的一方，室內也反映出委託人「希望可以享受花朵跟果實」的要求，引進了日本本土以外的西洋品種（「平塚之家」「神奈川Eco House」）

5 落葉、高樹
白木
葉片較大，秋天的紅葉非常美麗。

6 落葉、高樹
西洋唐棣
也叫做加拿大唐棣，結出紅色果實的西洋品種。

7 落葉、高樹
四照花
在初夏開出白色的花朵，秋天結紅色的果實。

8 落葉、中樹
吊花
在秋天結紅色的果實，葉子也會轉為紅色。

9 落葉、中樹
梅樹
在早春開白花，秋天結大顆的藍色果實。移植已經存在的樹木。

可以創造和風氣息的**樹種一覽表**

落葉、高樹

- 紅葉類
- 連香樹
- 枹櫟
- 四照花
- 野茉莉
- 山櫻
- 日本辛夷

楓樹

四照花

落葉、中樹

- 梣樹類
- 大柄冬青
- 松田氏莢迷
- 小葉石楠
- 三椏烏藥
- 大葉釣樟
- 三葉釣樟

梣樹

大柄冬青

落葉、矮樹

- 澤八繡球
- 杜鵑花
- 吊鐘花
- 重瓣麻葉繡球
- 棣棠花
- 白葉釣樟
- 珍珠綉線菊

常綠、高樹

- 青剛櫟
- 小葉青岡
- 三菱果樹參
- 銀桂
- 具柄冬青
- 昆欄樹屬

青剛櫟

具柄冬青

常綠、中樹

- 山茶花
- 侘助椿類
- 紅淡比
- 白山木
- 木防己

常綠、矮樹

- 桃葉珊瑚
- 馬醉木
- 石楠花
- 鈍葉杜鵑
- 厚葉石斑木
- 草珊瑚

馬醉木

以落葉、常綠、高、中、低來均衡的種植此處介紹的樹種，形成延伸出去的和風景觀。

Simple Modern，在於「隱藏」「統一」「細分化」

將不必要的部分去除，以最低限度的需求來進行設計。所有建材的線條，不是水平就是垂直。與其採用全白的牆壁，不如塗成主張沒有那麼強烈的Off-White，讓各種年齡的族群都能接受。

拍攝：石井紀久

Simple Modern（精簡的現代風格），大家對它的定義雖然各自有別，但基本上都是指線條跟色彩較為單純的住宅。

這種風格外觀設計上的重點，在於窗戶跟外牆以外的要素幾乎毫不顯眼，整棟建築看起來有如「一塊」。從屋簷、屋頂、排水溝等外牆凸出的物體，到建材、材料的篩選跟裝設，全都要細心的設計。這樣雖然就可以成為Simple Modern，但外觀卻還稱不上是完整。「單純化」的結果，窗戶的位置跟建築的形狀會被突顯出來，必須給予細心的注意。

（編輯部）

「Jupiter Cube L」

設計、施工：Four Sense
所　在　地：宮崎縣 宮崎市
構　　　造：木造軸組架構法
建 築 面 積：85.84㎡
地 板 面 積：153.02㎡
價　　　格：2,200萬日幣
（包含陽台工程）

02 用來點綴的百葉窗要使用較細的線條

設計外觀的時候，如果需要點綴用的裝飾品，可以使用比較細的金屬百葉窗。本案例用 40 × 50 mm的鋁製方形管，來當作陽台的遮蔽物。

03 盡量不使用雙滑軌的窗戶

雙滑軌的窗戶，不論是窗框還是窗鎖都會造成不小的噪音，固定跟外推式的窗戶比較可以美麗的呈現玻璃面。

Simple Modern 的外觀設計技巧 9

Simple Modern，會以方形來呈現外觀。設計跟裝設的各個細節，都要非常小心。在此選出9個必須注意的重點來進行說明。

05 統整開口處的線條

包含玄關在內，用水平、垂直統整開口處的線條。重點在於整齊、有規則的排列。本案例分別以1.5、1.0的深度，來裝設主張較為強烈的玄關跟客廳窗戶。

04 牆壁以白色為基本色

基本上會讓表面使用單色，盡可能增加牆壁的面積。將外牆的板材貼上的時候，間隔的縫隙不可太過顯眼。也不可以在轉角等部位使用專用的材料。照片是陶瓷的外牆板材「Dolce SR／Natural White」（Asahi Tostem外裝）。四邊都有相互連繫的特殊加工，裝好之後不需要密封，縫隙也不明顯（下方照片）。表面具有親水性，也發揮了防污的機能。

06 也不可以有平面的凹凸

Simple Modern的重點在於呈現整潔美觀的「面」。所有無謂的凹凸都要排除。

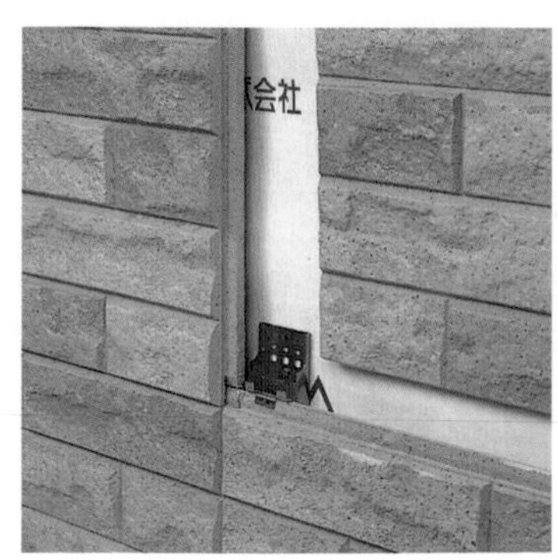

09 笠木[※]也是金屬&細小

屋頂可以使用平屋頂或是往單邊傾斜的屋頂，感覺會比較清爽。順著屋頂線條來鋪設的笠木，不可以太過顯眼。

01 窗框周圍的建材為金屬

包含遮陽板在內，窗框周圍的建材要使用鋁合金等金屬。造型跟裝設手法都必須經過設計，讓正面看起來可以比較細小。

08 雨槽不可太過顯眼否則就是隱藏起來

不論是哪一種建築，一定都會裝上雨槽。除了使用跟外牆同樣的色系之外，還可以在設計方面下功夫，將雨槽隱藏起來。本案例用門廊的牆壁，將陽台的雨槽遮住。

⇒詳細圖36頁

屋頂邊緣沒有裝設水平方向的雨槽，被四個角落的擋牆包圍的屋頂往單邊傾斜，埋在屋頂下方的雨槽直接跟垂直的雨槽相接。垂直的雨槽選擇給大型建築使用的「Alumi-Line · Handless Type」（積水化學工業），以2條來對應，裝在北側外牆的凹陷內。

⇒詳細圖36頁

07 室外的構造也力求精簡

室外的構造也要盡可能的減少建材，尺寸跟外牆統一。本案例的木製百葉，跟鋁製百葉窗一樣是40mm。

※笠木：外牆或圍牆等頂部的結構。

用正面圖來看 Simple Modern 的外觀

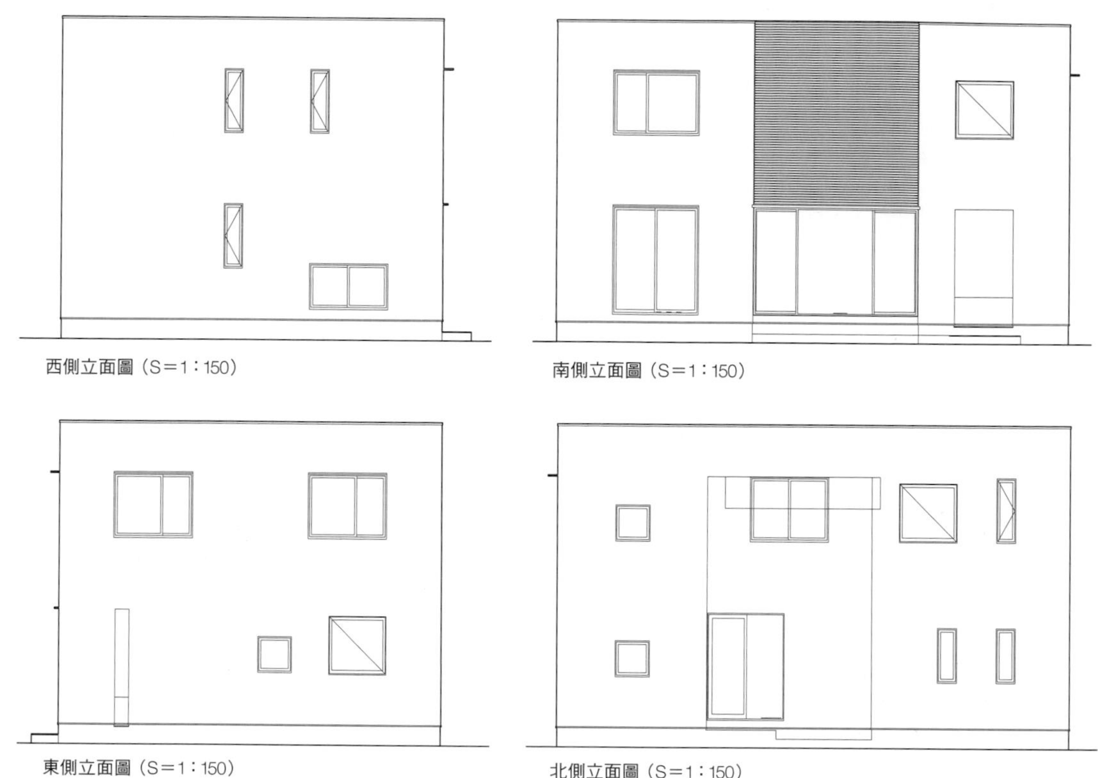

西側立面圖（S＝1：150）　南側立面圖（S＝1：150）

東側立面圖（S＝1：150）　北側立面圖（S＝1：150）

最重要的一點，莫過於讓屋頂擁有平屋頂一般的外觀。特別是窗戶等設計要素比較多的場合，是否能用方形來呈現屋頂，將會非常的重要。另外，跟現代和風一樣，要盡可能減少窗戶在外牆上所佔的份量。正方形、上下或左右較為細長的窗戶等等，要盡量活用這些造型。

用詳細圖來看 Simple Modern 裝設的感覺

把陽台裝在外牆以內

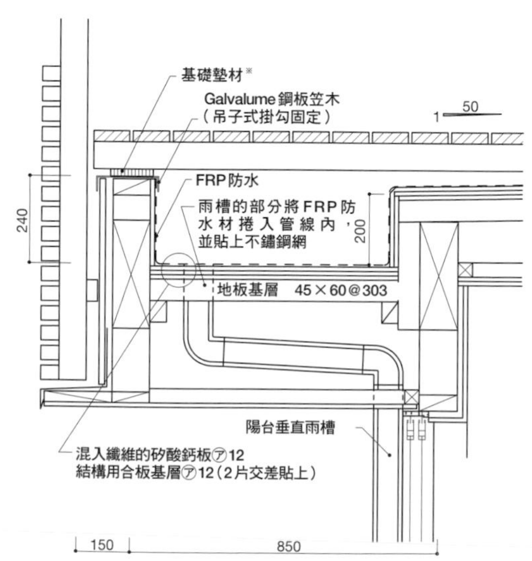

截面詳細圖（S＝1：20）

看起來有如平屋頂的擋牆裝設方式

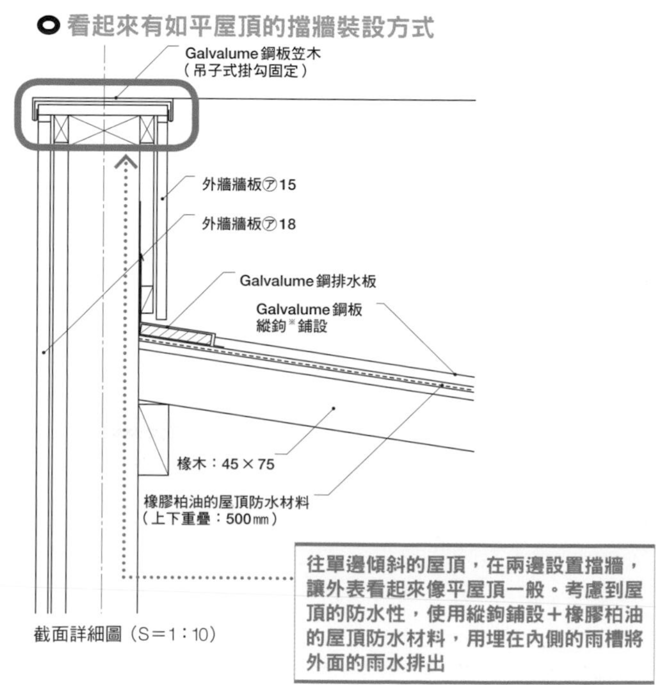

截面詳細圖（S＝1：10）

※基礎墊材（基礎パッキン）：夾在水泥地基跟木造基層之間的換氣用緩衝材。
※縱鉤（縦はせ）：讓金屬板的邊緣彎曲，來跟另一片勾在一起的固定方式。

Simple Modern 應用的技巧 5

讓我們透過山形屋頂的案例，來看看34、35頁沒有介紹到的其他技巧。對於低成本的Simple Modern來說，這些會更加的實用。

拍攝：石井紀久（照片5以外）

01 彩色Galvalume鋼板用縱鉤鋪設來降低成本

用棕色來降低金屬的尖銳感，給人柔和的印象。

02 強調陽台的"面"

塗成白色來取代木製的百葉窗，強調"面"的構造。同時也能讓Galvalume外牆鋼板的垂直線條變得比較不顯眼。

03 玄關門也用白色來呈現"面"

跟陽台的護欄擁有同樣的效果。玄關門也統一使用白色，讓存在感消失。

04 山形屋頂側面才是重點

Simple Modern不變的規則，是讓屋頂看起來不像是屋頂。兩側也不可以被人看到雨槽，減少窗戶的數量來成為點綴。

05 雨槽、換氣孔的顏色也要統一

讓各種材料的顏色跟外牆統一，將存在感去除。

「JUST 201」

設計、施工：Four Sense
所在地：宮崎縣 宮崎市
構造：木造軸組架構法
建築面積：67.65m²
地板面積：124.65m²
價格：1,430萬日幣
（包含陽台工程、太陽光發電除外）

Natural Modern

北歐風格，在於大屋頂的造型與呈現方式

北歐傳統住宅的特色，是那擁有寬敞設計的屋頂。
高度偏低的傾斜屋頂加上色澤明亮的瓦片，主張不會太過強烈，
讓屋頂跟外牆取得均衡來跟四周圍調和。這是最為關鍵的重點。

以歐美風格的住宅為基礎，使用大量的自然性建材，並融入部分的裝飾跟曲線的設計，我們將這種住宅定義成「Natural Modern」（自然現代主義）。最近在Natural Modern之中，北歐風格的住宅特別受到矚目。

Natural Modern之中的北歐風格，是以斯堪地納維亞地區的傳統住宅為主題的設計。巨大的傾斜屋頂，是它代表性的象徵。另外，為了讓屋頂可以美麗的被呈現，降低屋簷高度的同時，還會在外牆使用比較粗的窗戶外框來當作點綴，最近則是多了可動式的雨篷。跟一樣屬於Natural Modern的南歐風格相比，整體少了一份「甜蜜」的感覺，成為男女都可以接受的設計。

（編輯部）

「Villa Michida」

設計、施工：Moco House
所在地：兵庫縣 川西市
構造：木造軸組架構法
建築面積：180.05m²
1樓地板面積：133.0m²
2樓地板面積：47.5m²
價格：4,800萬日幣（不包含透天中庭）

北歐風格的外觀設計技巧 6

不受流行束縛的大眾化設計。
在此介紹各種年齡的族群都可以接受的顏色跟材料的組合，以及窗戶周圍之建材的用法。

01 組合往單邊傾斜的屋頂

盡可能降低屋頂高低之間的落差（兩者結合的部分）。讓附屬之建築物的樑的長度，小於主要建築等等，注意整體建築立體性的均衡。

02 暖爐的煙囪有如畫中的情景

屋頂伸出來的煙囪在1m前後（室內為4m以上），比較有辦法維持均衡的外觀。大多位在一棟住宅的中心，就外觀看來一樣是在中心位置。

03 屋頂採用色澤明亮的瓦片

傾斜的大屋頂是傳統的北歐風格，如何呈現屋頂的面，也是外觀設計的重點之一。要選擇色澤明亮的瓦片。

04 外牆不可以強調「面」

關於外牆，不要出現太多會強調「面」的部分。北歐大多使用貼上牆板的完工方式，而Moco House則是選擇塗上灰泥的牆壁。「外牆壁」（灰色）或「Bellart Si（橘皮質感）」等等。

05 用可動式的雨篷取代遮陽板

牆壁雖然採用比較顯眼的色澤，雨篷則是使用足以成為點綴的顏色。跟塑膠或相似的材料相比，布類比較能給人精心設計的印象。

06 門窗外框使用木製或樹脂，白色為基本

在北歐，邊框大多選擇白色，本案例則是用白色來強調屋簷內側跟門窗外框。另外，窗戶如果太過強調上下的感覺，有可能會讓建築物產生比較沉重的氣氛，不可以單獨使用上下比較長的窗戶。

使用上下比較長的門窗外框時，可以排列在一起來取得均衡。

用立面圖來看北歐風格的外觀

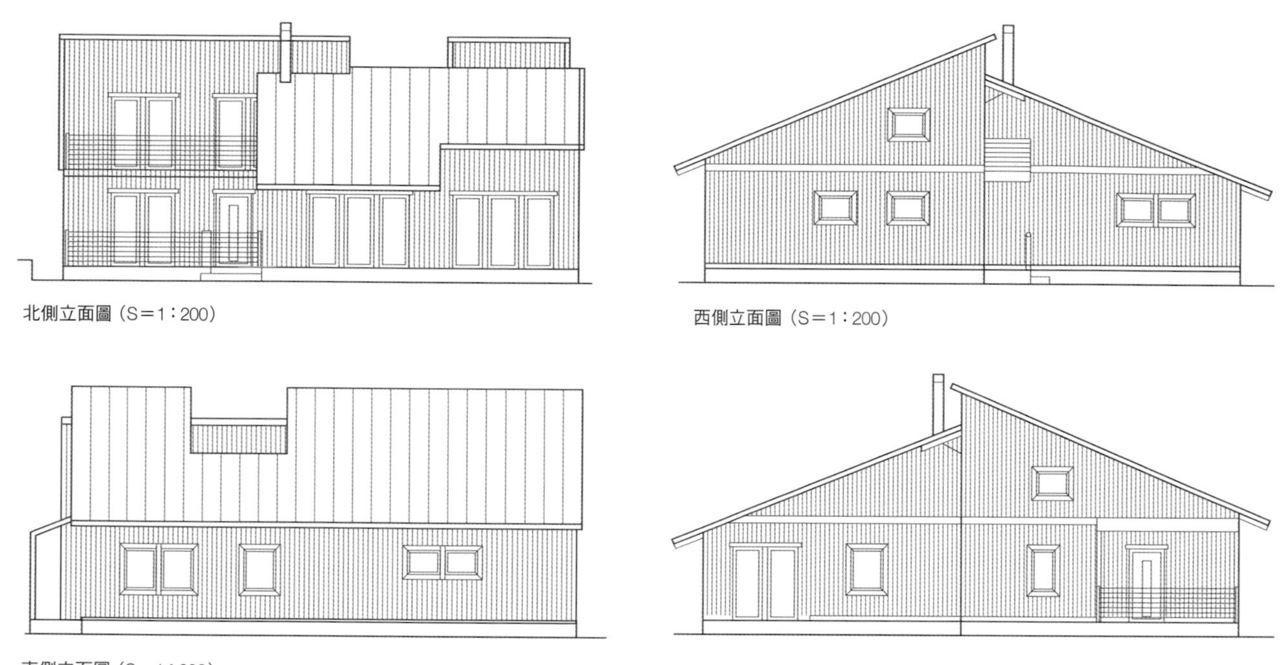

北側立面圖（S＝1：200）

西側立面圖（S＝1：200）

南側立面圖（S＝1：200）

東側立面圖（S＝1：200）

左右會比較長的造型，是實現美麗外觀的重點。北歐風格之核心的大屋頂，在呈現這個構造時，左右比較長的造形也會比較方便。兩個單坡型屋頂的組合，讓建築物得到立體跟延伸出去的感覺。

北歐風格的 應用 技巧

S型瓦的屋頂跟外牆的結合部位

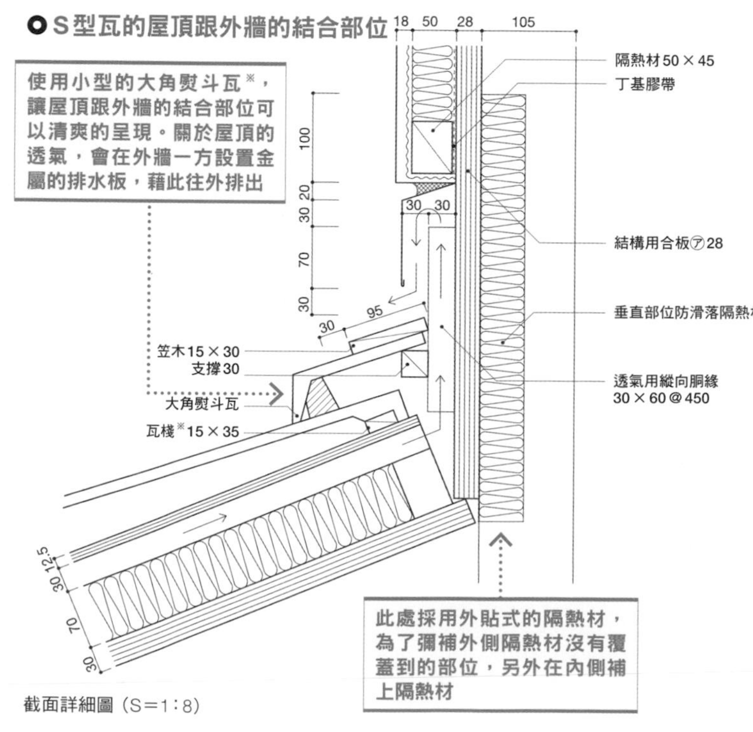

截面詳細圖（S＝1：8）

可動式涼篷是北歐風格的象徵之一

裝在窗戶上方的黃色涼篷。暖色系的顏色跟白色牆壁很好搭配。

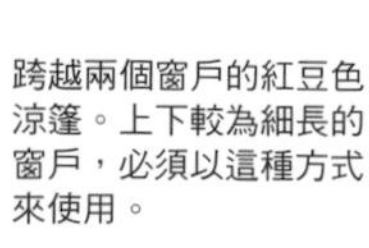

跨越兩個窗戶的紅豆色涼篷。上下較為細長的窗戶，必須以這種方式來使用。

涼篷是歐美極為普遍的遮陽設備。特別是在北歐，就被動式設計的觀點來看，夏天要盡可能不讓陽光進到隔熱、蓄熱性高的家中，冬天則是要盡可能讓太陽光照進室內，為了配合太陽的角度變化，常常會用涼篷來進行調整，算得上是北歐住宅的正面造型不可缺少的設備。必須有效率的採用，做為北歐風格之外觀設計的點綴。

※熨斗瓦：疊在冠瓦下面的平瓦。
※瓦棧：將瓦片固定在底板上不至於滑落的橫木。

Natural Modern

南歐風格，在於古色的表現跟小配件

**普羅旺斯、法國鄉村，最近也被稱為咖啡廳風格。
這些造型的共通點，在於復古——
如何表現這份古色古香的氣息，將是重點所在。**

Natural Modern之中人氣最高的，是擁有南歐風格之設計的住宅。南歐風格也被稱為普羅旺斯風格，這是將法國南部，面向地中海的普羅旺斯地區的住宅當作設計主題。

普羅旺斯住宅的特徵，有棕紅色的陶磚（Terra Cotta）、屋簷幾乎沒有延伸出來的傾斜屋頂、鮮奶油色的灰泥牆壁、玄關前方的拱形牆、擁有曲線造型的鍛鐵（Wrought iron）製的陽台圍欄、被稱為「French Door」的厚重木製門板等等。如何將這些要素均衡的融入設計之中，是南歐風格外觀上的重點。

另外，適度的「古色古香」也是不可忽視的重點，要避開成品住宅那種強調光鮮亮麗的感覺。

（編輯部）

「O邸」

設計、施工：Papa Mama House
所　在　地：愛知縣 名古屋市
構　　　造：2×4工法
建 築 面 積：70.26m²
地 板 面 積：114.70m²
價　　　格：2,500萬日幣
（包含陽台）

南歐風格的外觀設計技巧 9

用素材跟配件來表現。
古色跟手工的感覺。
在此介紹南歐風格所會用到的設計方法。

01 用三角屋頂來呈現瓦片

基本上會採用山形屋頂。用素燒的S型瓦或西班牙瓦來表現出素材的質感。

02 屋簷不要凸出將屋頂側面呈現出來

順著山形屋頂側面的三角形，讓瓦片些微的凸出，形成可愛的氣氛。因為屋簷沒有往外延伸，外牆容易髒汙。對於喜愛自然系建築的委託人來說，不少人會將這種污垢當做是一種「蘊味」。

03 盡量不使用落地窗

窗戶會以外推或上下拉開的類型為中心，盡可能不使用落地窗。露台跟大陽台的開口，會使用French Door（Patio Door）。

04 使用米色或鮮奶油色的灰泥牆

適合古色古香的自然風格，要選擇可以讓污垢成為一種「韻味」的色澤。灰泥塗漆的牆壁，塗得越厚就越能得到素材的質感，要選擇跟預算相符的材料跟施工方法。

為了營造出歲月的質感，有時甚至會抹上泥巴。

05 融入拱形跟曲線

就整體來看，要以圓弧的方式處理轉角部位。在門廊融入弧形的造型，給人柔和的印象。

玄關門廊的大型開口也要使用曲線。

06 用木製門跟鐵製的燈具來創造氣氛

玄關最好是使用木造門板。但必須事先說明保養的必要性。門窗外框的大廠最近推出了質感與木頭相似的門板，委託人若不喜歡保養作業，最好選擇這種款式。玄關燈具會用鐵製的類型來創造氣氛。

07 設置小型的屋頂給人「可愛」的感覺

比遮陽板更小的小型屋頂，表面鋪上瓦片展現出可愛的感覺。

也可以用木製的窗桿來進行裝飾。

08 露台＆門廊使用磚塊或陶磚

地板表面可以使用古老的磚塊或陶磚、古木，以此來強調質感。

09 窗戶周圍的裝飾

窗戶周圍，可以使用裝飾用的木窗，並給予圓融的感觸。要積極的採用裝飾，沒有必要去考慮精簡的要素。

用立面圖來看南歐風格的外觀

北側立面圖（S＝1：150）

西側立面圖（S＝1：150）

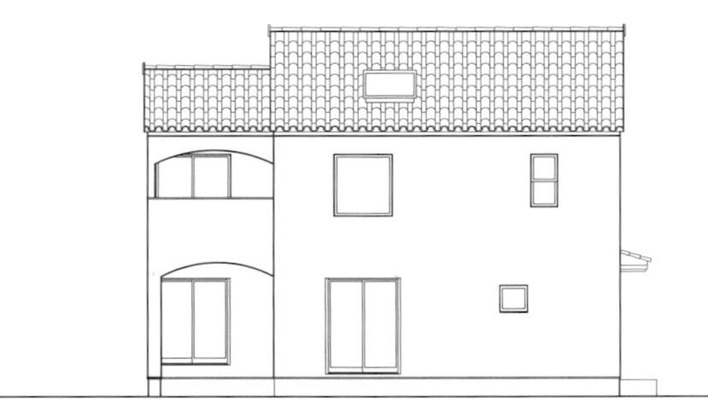

南側立面圖（S＝1：150）

東側立面圖（S＝1：150）

這棟建築雖然擁有精簡的造型，但是透過下方屋頂的效果，創造出具有立體感的外表。在窗戶跟門的周圍施加各種裝飾或拱牆，來當作外觀上的點綴。

南歐風格的應用技巧

古物等小配件

玄關照明，採用可以看到內部光源的古物風格的造型。照片內是由美國老牌的KICHLER公司所製造。

古老磚塊

用古老的磚塊隨機排列而成的牆壁。磚塊是從古董店購買。

煙囪

煙囪一樣可以展現出歐洲鄉下的氣氛。暖爐煙囪的四周圍，使用磚塊風格的牆板。

鐵製的玄關門把

由當地工匠製造的鍛鐵門。經由工匠之手的材料，跟南歐風格很好搭配。

TOPICS

無印良品的居家外觀極致之處在於「精簡」與「隨機性」

無印良品的住宅，擁有精簡卻又老練的外觀。
對建商跟工程行的住宅設計也造成不小的影響，
以這棟「窗之家」當作範本，讓我們來看看這種風格對於外觀設計的思想。

文＝出町正義

無印良品之家：由經營無印良品的良品計劃（股）之相關企業MUJI.net（股）企劃與販賣，在日本全國進行加盟連鎖。全國第一間木之家、窗之家併排在一起展示。照片是177棟的新興住宅地〔千葉縣 白井市、業主：Orix不動產（股）〕之中，最早分讓給無印良品的22棟住宅。

徹底不讓屋簷凸出

「窗之家」（※）的外觀，首先映入眼簾的，是那傾斜角度絕妙的山形屋頂。傾斜角度3寸5※分。對於這種規模的住宅（展示屋地板面積約28．56坪）來說，是恰到好處。

為了讓外觀擁有清爽的剪影，選擇屋簷不會往外凸出的裝設方式。博風板、遮鼻板都跟板金師傅商量，確定防水沒有問題，才盡可能的採用寬度較小的款式。雨槽也盡量選擇較小的類型，展示屋雖然使用市面上的製品，一樣是盡可能的縮小凸出部位（**照片4**）。

窗戶以隨機的方式配置

外牆的開口，足以成為外觀上的點綴，決定它的位置時，要先重新檢查窗戶的機能。不只是通風跟採光，還得將重點放在「用來取景的框格」上面。可以充分享受風景的位置、為了保護隱私不需要此項機能的位置等等，以這種方式在各個地點裝設合適的開口。而在視覺方面，也創造出令人舒適的隨機性。

在設計手冊之中，為了創造隨機性，採用大小跟高度都不相同的窗戶、高度如果相同則改變窗戶的尺寸、不可將窗戶擺在牆壁中央等等，制定有明確的規定。

但光是以隨機的方式設計窗戶，無法形成美麗的外觀。對於這點所想出來的對策，是活用固定式的正方形窗戶。固定式的窗戶外框比較小，一面窗戶所能形成的面積也比較大，不像雙軌式的窗戶中央會有直框，設計時比較好運用。另外，如果將窗戶尺寸統一，就算採用隨機性的配置，也能讓外觀得到統一。

徹底遵循這種思考，就連一般會使用落地窗的客廳，也都是採用固定式的窗戶。就通風、進出等機能性來看雖然比較不方便，卻可以省去中央那面窗戶，在造型跟景觀方面都可以得到很大的優勢（**照片1**）。需要通風的部位，則是活用外框跟固定式一樣精簡的外推式窗戶。

為了可以自由的配置窗戶，結構的部分採用SE架構法（木製骨架Rahmen構造）來省去外牆的承重牆。

讓要素精簡化

※特徵是四角的造型跟Galvalume鋼板的外牆，在「木之家」之後所研發的住宅商品。擁白色外觀跟山形屋頂的住宅。於2007年開始販賣。
※1尺（30.3㎝）的水平距離往上增加3寸5分（約10.6㎝）之高度的傾斜角，3寸約17度，1尺約45度。

窗之家的展示屋（寶塚店）。隨機配置的換氣孔跟窗戶全都是正方形，在設計上得到統一感。照片右邊可以看到木之家的展示屋

不論是把窗戶擺在哪裡，為了得到美麗的外觀，都必須讓窗戶以外的要素徹底的精簡化。窗之家對各種細節跟材料、市面產品的選擇、獨創家具的研發等等，都一邊壓低成本一邊給予徹底的堅持，以實現精簡的外觀。

外牆會將白色陶瓷系的牆板當作標準規格。另外還提供白色灰泥牆的選項。不論前者還是後者，都是排除花紋跟圖樣的單色表面，以突顯出窗戶的造型。

陽台也是一樣，設計時會盡可能的容納在四角的箱形空間內部。裝在欄杆圍牆上的笠木也採用跟牆壁同一色系的精簡設計，跟牆壁化為一體。

外觀上極為重要的玄關周圍，為了讓牆上的諸多要素可以精簡的被呈現，採用許多現場打造的獨創設備。裝在玄關上的遮陽板，是用高耐腐蝕熱浸電鍍鋼板製造，實現清爽又不顯眼的設計**（照片2）**。而信箱、門牌、對講機、照明等原本分散在玄關大門周圍的各種設備，全都整合成現場打造的單一設備，成功的讓玄關周圍保持精簡的外觀**（照片3）**。

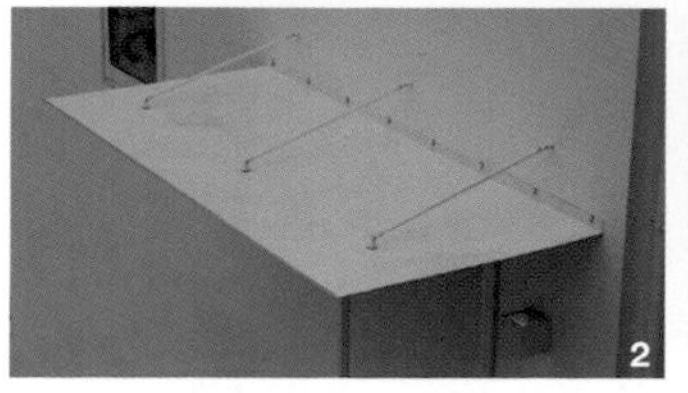

1. 窗之家的客廳。可以明顯的看出固定式大型窗戶對景觀跟採光的貢獻。
2. 玄關遮陽板。結構單薄且纖細，用牆上的螺栓吊起來。
3. 水泥塊的門柱上裝有獨創的設備。中央是門牌、上方是對講機、右側內部裝有照明。
4. 造型精簡的水平雨槽，可以減少往外凸出的寬度。跟外牆使用同一色系，盡可能的降低存在感。

成功選擇外牆材質的方法
以及美麗呈現的裝設重點

設計外觀時非常重要的，是外牆要使用什麼樣的材料、用什麼樣的手法來裝設。在此將焦點放在木板、砂漿底層的塗漆、金屬牆板、陶瓷牆板、金屬板上面，說明如何按照自己追求的造型跟機能來進行選擇，跟牆壁外側轉角等裝設上的重點。

木造住宅會使用的外牆材質極為多元，在此將焦點放在木板、砂漿底層的塗漆、金屬牆板、陶瓷牆板、金屬板上面來進行說明（表）。另外，金屬牆板跟金屬板，常常被歸類在同一個類別來說明，但為了討論外觀時的方便性，前者是指表面模仿磁磚或木紋、灰泥等質感的製品，後者是指角波、小波等波浪板。

選擇外牆材質的時候很重要的，是按照自己所追求的外觀來選擇。比方說現代和風或SimpleModern的建築，最好是不要使用磁磚類的外牆，必須選擇砂漿底層的塗漆或角波、小波等精簡的金屬板，或是現場塗漆的陶瓷牆板等等。如果是NaturalModern，除了砂漿底層的塗漆，現場塗漆的陶瓷牆板也非常的合適。如果是早期美式（EarlyAmerican）風格，則必須貼上木板才行。

另外，跟挑選外牆材質一樣重要的，是邊緣的裝設方法。比方說此處所介紹的牆壁外側轉角，這個部位的處理方式會對外觀造成很大的影響（圖）。如果是現代和風或SimpleModern的建築，要盡量挑選不會超出外牆邊界的專屬配件，讓外牆材質很自然的就順著轉角彎過去。

（編輯部）

金屬板外裝在轉角的處理（圖）

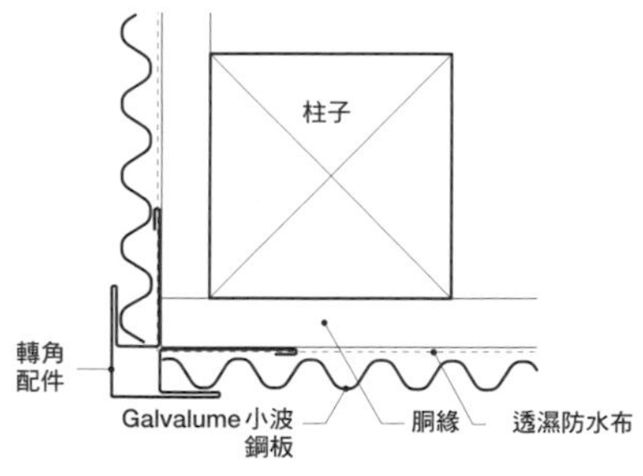

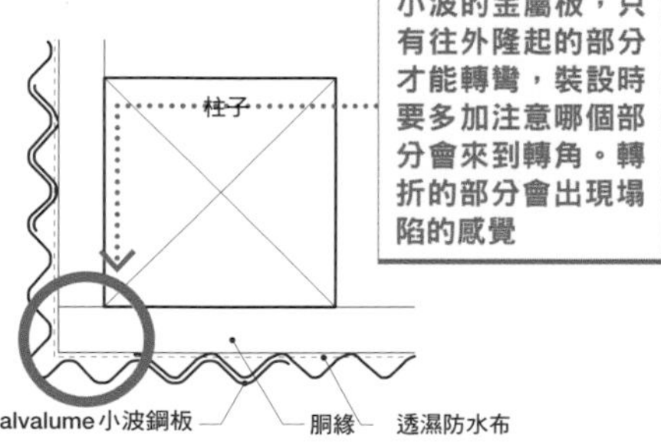

垂直鋪設之板材在轉角的處理（圖2）

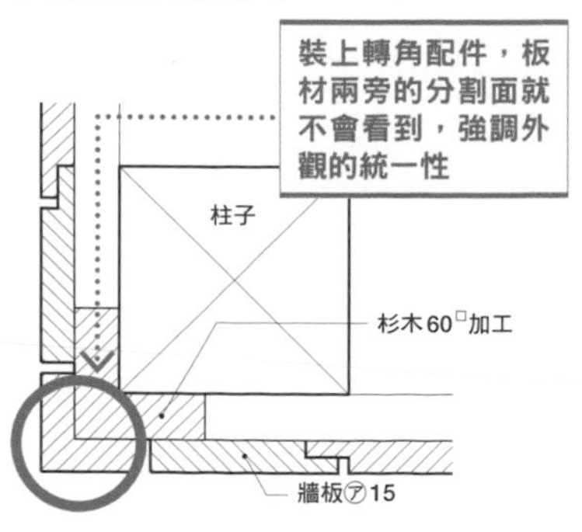

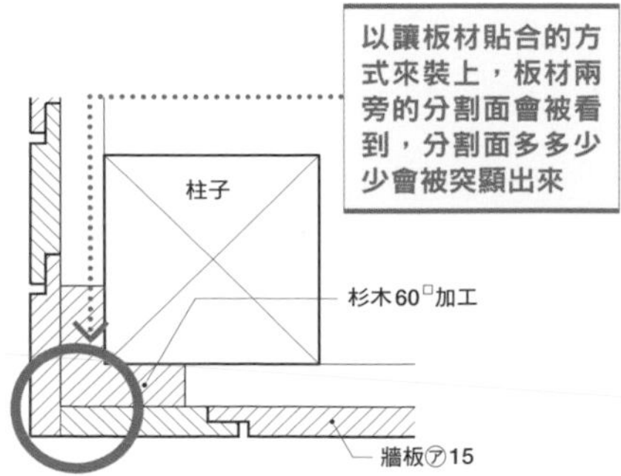

圖面提供：田中工程行（圖1）、輝建設（圖2）。

用設計性、機能性來比較外牆的材質（表）

	木板	砂漿＋噴灑塗漆	金屬牆板	陶瓷牆板	金屬板
○設計	**和風跟洋風都很合適** 下遮※、羽目板等等，鋪設的手法極為多元。對早期美式風格的住宅來說，下遮式的鋪法絕對不可缺少。也很搭配現代和風等日本設計，但如果使用寬度太大的板材，會變得像山中的小屋一般，要多加注意。就算用在1樓等特定的部位，也能成為設計上的點綴。曝露在紫外線之中會變黑，設計時要考慮到保養跟變色的問題	**跟各種設計都很好搭配** 沒有縫隙存在，可以實現自由且連續性的設計，加上底層的凹凸，可以實現各種不同的造型。從熱石膏到土牆風格、粉刷等等，不論和風還是洋風，跟各種設計都很好搭配。有些顏色會讓污垢變得比較顯眼，Simple Modern等屋簷比較短的建築，最好使用親水性良好或經過光觸媒處理等，具有防污效果的產品	**容易使用的單色調** 木紋、粉刷、磁磚等等，有模仿各種質感的產品存在。現代性的設計可以使用黑色等單色調的款式，但如果面積太大，結合的縫隙可能會太過顯眼，要盡量採用單純的設計	**用現場的塗漆成為灰泥牆的風格** 木紋、粉刷、磁磚等等，有模仿各種質感的產品存在，現代性的設計可以使用黑色等單色調的款式。也能使用有連續性細微凹凸的產品，或是用現場塗漆來處理素燒的表面。連接的縫隙要是太過顯眼，會給人「牆板的感覺」，最好使用比較長的尺寸，或是用塗漆將表面的縫隙蓋過	**跟Simple Modern很好搭配** 除了平面的金屬板之外，角波跟小波等連續性的造型也非常的普遍，跟現代性的設計很好搭配。同樣的理由讓連接的縫隙比較不顯眼。顏色以黑或銀為中心，跟Simple Modern很合得來。可以鋪到屋頂上面，更進一步增加設計性
○耐久性	**乾燥方面要下功夫** 木材的特性是會重複乾跟濕的狀態，只要在施工的時候注意不會讓雨水累積，則不論是哪一種木材都不會腐朽。但容易累積雨水的部分幾乎都會腐朽，設計、施工的時候必須格外注意排水的結構。大約半年之後重新塗佈1次，之後每5年定期的進行	**底層必須要有防止裂痕的對策** 地震的衝擊跟低溫，會比較容易造成裂痕或剝落。採用比較不容易發生裂痕的底層工法，可以某種程度的防止裂痕。色澤跟塗膜的劣化，則是得看表面塗漆的種類	**耐久性高** 表面會用烤漆來處理，擁有非常高的耐久性。但如果出現傷痕或跟其他金屬觸碰，則有可能生鏽。重量較輕，地震時具有優勢，但受到衝擊時比較容易出現凹陷或損傷	**必須重新進行密封** 材料本身的耐久性相當優秀，但結合部位的密封材料會劣化，必須採用透氣工法。雖然屬於不容易破損的材料，但如果遇到過度的衝擊或地震，還是會損壞或出現裂痕	**耐久性高** 表面會用烤漆來處理，擁有非常高的耐久性。但如果出現傷痕或跟其他金屬觸碰，則有可能生鏽。重量較輕，地震時具有優勢，但受到衝擊時比較容易出現凹陷或損傷
○防水 ○隔熱 ○隔音	**必須跟透氣工法一起使用** 接合的縫隙多少會漏水，但只要跟透氣工法一起使用，還是可以充分的維持乾燥。材料本身雖然具有隔熱、隔音的機能，但容易形成縫隙，還是得提高建築物整體的相關機能	**必須要有裂開時的防水對策** 單獨使用雖然也具有防水性，但容易產生裂痕，底層必須要有充分的防水對策。密度較高、沒有縫隙，可以期待某種程度的隔音性	**光是在內側貼上隔熱材質不夠** 接合部位已經有下過功夫，具有良好的防水性，但最好跟透氣工法併用。另外，雖然在背面已經施加有隔熱性材質，但機能大多不夠充分	**必須跟透氣工法一起使用** 用密封來確保接合部位的防水性，必須跟透氣工法併用，採用雙重的防水對策。材料本身雖然具有隔音性，但屬於乾式施工，不可過度的期待	**單獨使用無法期待隔熱跟隔音的性能** 接合部位有防水措施，防水性相當的高，但最好跟透氣工法一併使用。考慮到防水的機能，從上往下鋪設，會比橫向鋪設要來得理想。本身不具備隔熱跟隔音的機能，要以建築物整體的結構來補足
○防火 ○耐火性	**在防火地區很難使用** 光是貼在外牆上的木板所擁有的厚度，無法期待抗燃性或耐火性。單獨使用會受許多法律限制，必須跟不燃、抗燃性的材料組合，或是使用經過特殊處理，被認定為不燃材料的製品	**優良的防火性** 屬於不燃材料，擁有優良的防火性。砂漿加上鐵網，厚度如果在20㎜以上，可以被認定為防火結構，若是裝在隔間柱的兩面，則可以被認定為準耐火結構	**按照需求必須有不燃性底層** 跟Dailite※、石膏板等不燃性底層組合，可被認定為具有準防火性的外牆結構（土牆等其他結構及防火結構）	**優良的防火性** 屬於不燃材料，擁有優良的防火性。隨著材料的厚度跟底層的構造，可被認定為準耐火結構	**按照需求必須有不燃性底層** 跟Dailite、石膏板等不燃性底層組合，可被認定為具有準防火性的外牆結構（土牆等其他結構及防火結構）
○施工性	**由木工師傅施工工期容易調整** 重量輕、容易加工、上釘子也不困難。基本上只要有木工師傅就能進行，就工期方面來看比較具有優勢	**工期較長** 施工比較麻煩，還須要擱置靜養的時間，工期會比較長。如果採用一般性的透氣工法，則須要更長的時間，最近出現有合理化的砂漿用透氣底層布料（Air Passage Sheet）	**受板金師傅的技術影響** 重量輕、裁切跟打釘都很容易，但彎曲跟裁切、防鏽等處理如果沒有仔細完成，都會成為生鏽的原因。另外，附著在電動工具上的鐵鏽，常常會轉移到屋頂材料上面，結果導致生鏽	**工作種類較多但施工合理化** 配件數量較少，裝設作業已經合理化，但重量跟裁切方面還是處於劣勢。接合部位須要密封工程來當作主要的防水機能，施工管理必須慎重	**受板金師傅的技術影響** 重量輕、裁切跟打釘都很容易，但彎曲跟裁切、防鏽等處理如果沒有仔細完成，都會成為生鏽的原因。另外，附著在電動工具上的鐵鏽，常常會轉移到屋頂材料上面，結果導致生鏽
○成本 ○維修	**必須定期的塗漆** 木材本身是廉價的材料，但經過抗燃處理之後卻會變得相當昂貴。為了防止表面劣化，必須定期的塗漆。傷痕的修補跟重新鋪設的作業都相當容易	**必須定期的重新塗漆** 材料便宜，但工程費用較為昂貴，結果還是屬於高價位的類型。特別是採用透氣工法的案例，跟高等級的牆板幾乎屬於同等的價位。另外，重新進行塗漆的案例也不在少數	**要注意生鏽** 有廉價的類型，也有高級的款式，產品價位的落差很大。Galvalum鋼板屬於不用維修的材質，可是一旦生鏽就會急速的劣化，要多加注意	**必須重新密封或重新塗漆** 有廉價的類型，也有高級的款式，產品價位的落差很大。重新塗漆的次數不用太多也沒關係，但接合部位的密封材料卻必須重新上過，維修保養的需求也比較高	**要注意生鏽** 雖然得看產品的種類，基本上屬於標準的價位。有廉價的類型，也有高級的款式，產品價位的落差很大。Galvalume鋼板屬於不用維修的材質，可是一旦生鏽就會急速的劣化，要多加注意

※Dailite：大建工業的火山性玻璃質複層板。
※下遮（下見張り）：上方木板的下端，疊在下方木板上端的鋪設方式。

成功選擇屋頂材質的方法
跟美麗呈現的裝設重點

設計外觀時非常重要的，是外牆要使用什麼樣的材料、用什麼樣的手法來裝設。在此將焦點放在木板、砂漿底層的塗漆、金屬牆板、陶瓷牆板、金屬板上面，說明如何按照自己追求的造型跟機能來進行選擇，跟牆壁外側轉角等裝設上的重點。

用設計性、機能性來比較屋頂的材質（表）

	瓦片	金屬板	化妝板岩
◯設計	**西洋的自然風格 必須使用西式的瓦片** 可大分為日式跟西式，特別是對西洋自然風格的建築來說，西式瓦片是不可缺少的材料。如果是給現代和風使用，為了降低瓦片所擁有的厚重感，要選擇山形等造型精簡的屋頂，並省去屋脊上的熨斗瓦來塑造出精簡的造型	**容易使用的 單色調** 透過塗漆，表面有許多顏色可以選擇。如果是現代風格，可以搭配銀色、灰色、黑色等色調。鋪設方法要選擇平鋪、斜鋪※等凹凸較少的鋪設方式。外牆一併採用金屬板、屋簷不要往外凸出，可以更進一步強調尖銳的感覺	**透過顏色 來對應各種設計** 表面的塗漆有各種顏色存在，現代性的設計最好選擇黑色或灰色系。現代和風的設計，可以選擇瓦片質感的造型。歐洲風格則是選擇橘色系的顏色
◯耐久性	**乾燥方面 要下功夫** 材料本身具有很高的耐久性，可以長期使用。但是對於衝擊比較脆弱，重量也高，稱不上是可以承受地震的材料	**很難用在 靠海的地區** 如果是一般所使用的彩色Galvalume鋼板，材料本身的耐久性高、表面經過烤漆處理，足以長期的使用。但如果出現傷痕或是跟其他金屬觸碰，則有可能會生鏽。重量較輕，地震時具有優勢，也不容易因為衝擊而破裂	**必須 重新密封** 雖然得看產品的種類，耐久性大約在30年左右。會隨著塗漆的規格變化，有些產品必須以10～15年的週期來重新塗漆。重量較輕，地震時具有優勢，但對於衝擊的耐性並不會太高
◯防水 ◯隔熱 ◯隔音	**不適合傾斜角度 比較緩的屋頂** 單獨使用可以得到某種程度的防水性，底層跟防水材料的鋪設必須確實的進行施工。基於相同的理由，並不適合傾斜角度較緩的屋頂。跟其他材料相比雖然具有隔熱性，但不足以將隔熱材省去。下雨的聲音不會讓人感到在意	**下雨時的聲音 可能會讓人在意** 只要正確施工，單獨使用也能擁有良好的防水性，但必須仰賴板金師傅的技術。單獨使用的隔熱性跟隔音性幾乎無法讓人期待。特別是雨聲，很可能會讓人在意，必須事先跟委託人確認，採用增加隔熱材的厚度等對策	**防水性優良 雨聲的問題也不大** 只要正確施工，單獨使用也能擁有良好的防水性，但必須仰賴施工人員的技術。單獨使用的隔熱性跟隔音性幾乎無法讓人期待，但很少會像金屬板那樣出現雨聲的問題
◯施工性	**工期會比較長** 底層木架跟瓦片的施工比較費功夫，工期也會變得比較長。要確實的將瓦片固定，以免因為地震或強風而掉落	**受板金師傅的 技術影響** 重量輕、裁切跟打釘都很容易，但彎曲跟裁切、防鏽等處理如果沒有仔細完成，都會成為生鏽的原因	**工作種類較多 但施工合理化** 配件數量較少，裝設作業已經合理化，但必須仰賴施工人員的技術。跟其他材質相比，工期並不會太長
◯成本 ◯維修	**雖然昂貴 但維修作業較少** 價格比較昂貴，瓦片本身雖然有良好的耐久性，但必須按照需求來更換底層材料	**比較不須要維修** 雖然得看產品的種類，但比較屬於低價位的類型。材料本身幾乎不須要維修，但如果生鏽的話，要盡早重新鋪設才行	**雖然廉價 但須要重新塗漆** 產品的種類涵蓋低價位跟高級的款式。雖然得看產品的種類，但大多得定期的進行塗漆等維修作業

※斜鋪（段葺き）：相接的部份往上凸出約15㎜，來形成傾斜角度的鋪設手法。

木造住宅使用的屋頂材質極為多元，在此將焦點放在瓦片、金屬板、化妝板岩上面來進行說明**（表）**。

屋頂的材質就跟外牆一樣，必須依照自己所追求的外觀來選擇。比方說現代和風的住宅，可以使用瓦片、金屬板、化妝板岩等，但基本上要選擇黑～灰色來搭配。給人和風氣氛的瓦片、化妝板岩，跟SimpleModern的建築並不容易搭配。最好採用黑色、灰色、銀色的金屬板。

設計NaturalModern的時候，如果有想要效法的風格，使用同樣的屋頂材質是最好的方法。但如果是北歐、南歐風格的話，也可以用咖啡色～橘色系的化妝板岩來代替。

裝設方面，最重要的部位是屋簷邊緣**（圖）**。這是因為在幾公尺外的距離觀察一棟建築時，屋簷是最容易引人矚目的部位。如果是現代和風的住宅，可以對遮鼻板的造型或椽木的前端進行加工，讓屋簷得到銳利的感覺。SimpleModern的話，要盡量不讓屋簷往外凸出，包含排水板在內，裝設的時候要多下一點功夫。

（編輯部）

瓦片屋頂的屋簷邊緣、螻羽※的裝設方式（圖）

※螻羽（けらば）：山形屋頂側面（可以看到三角形頂部的一方）的屋簷邊緣所使用的瓦片
※母屋：在棟跟屋簷之間，用來支撐椽木的木材

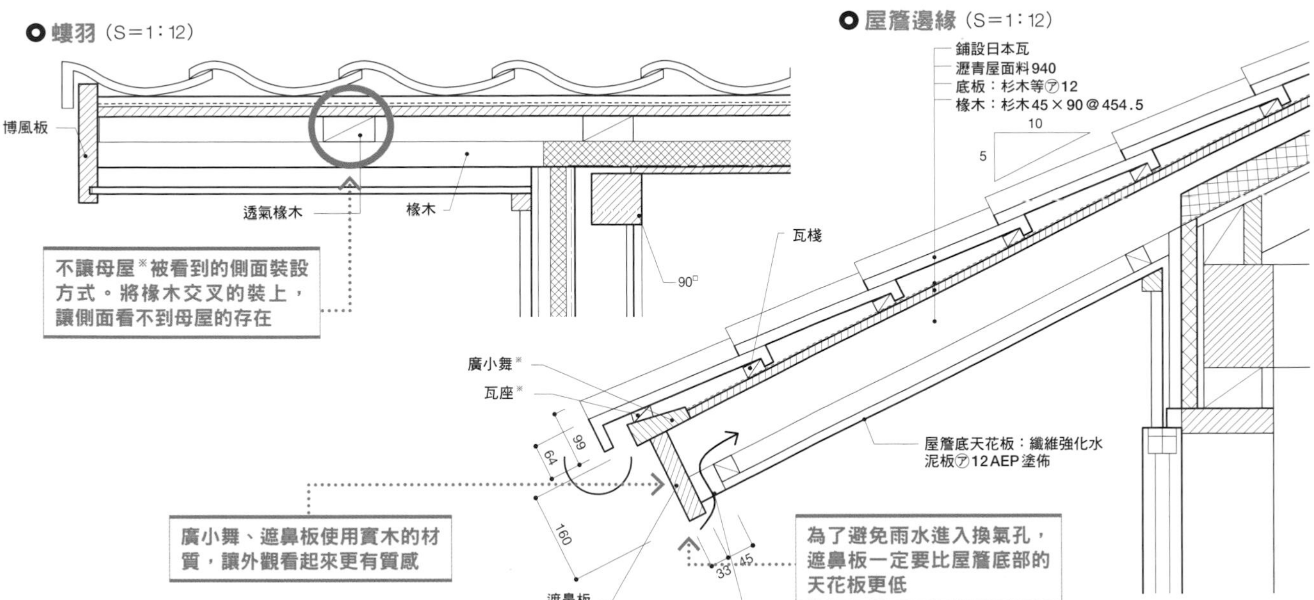

金屬屋頂的屋簷邊緣、螻羽的裝設方式（圖2）

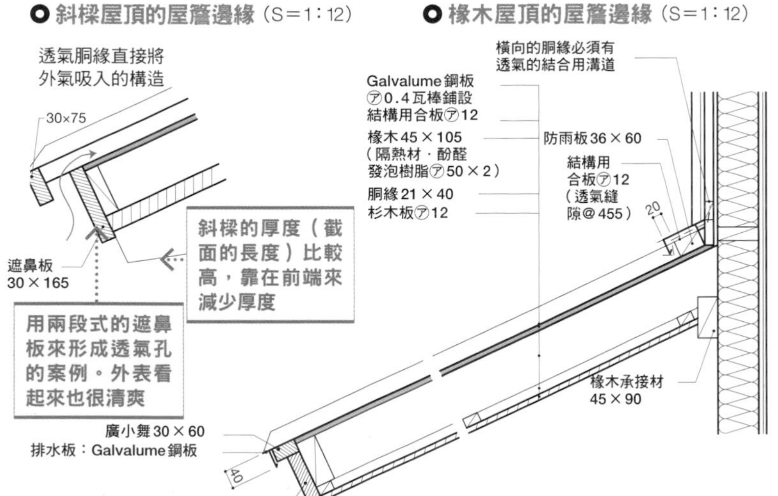

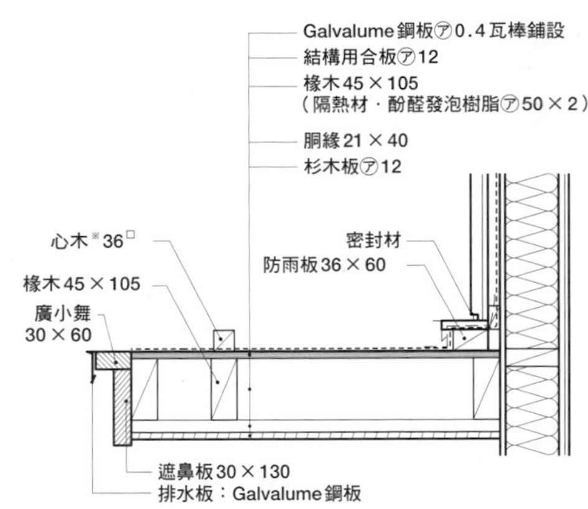

金屬屋頂的屋簷邊緣、螻羽的裝設方式（圖3）

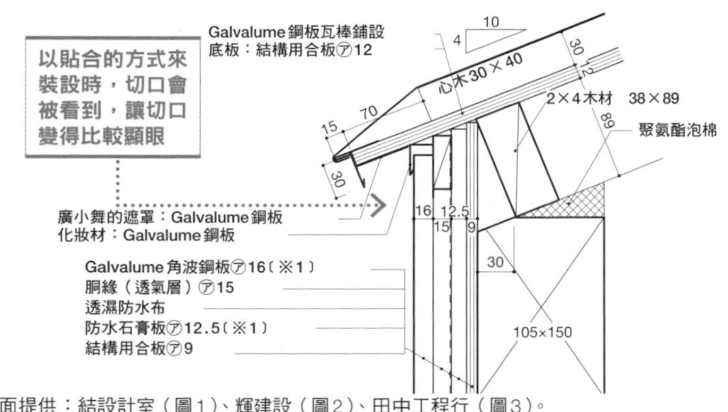

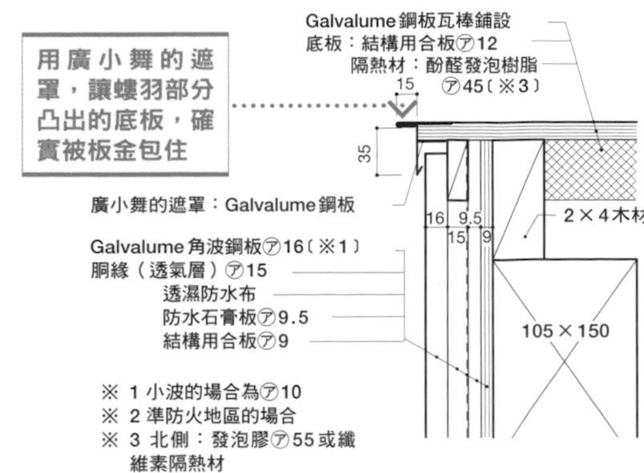

圖面提供：結設計室（圖1）、輝建設（圖2）、田中工程行（圖3）。

業餘攝影師也能辦到！
建築外觀最佳拍攝法

從建築物的側面拍攝。鏡頭往後拉，將較為寬敞的停車空間照進來。

不管外觀設計得再怎麼好，要是無法拍成美麗的照片，一切都有可能白費。因為絕大多數的委託人，都會用網站或傳單上的照片來判斷好壞。在此參考「建築照片的最佳拍攝方式、處理方式」（X-Knowledge刊行），一邊介紹業餘攝影師的實際拍攝流程，一邊說明拍攝的訣竅。

文＝出町正義

拍出理想建築照片的規則

規則 1	用F8～11的光圈值來拍攝
規則 2	以低感光度來拍攝
規則 3	使用三腳架
規則 4	水平跟垂直必須正確
規則 5	用較寬廣的構圖拍攝，方便微調※修正
規則 6	慢慢找出最為理想的曝光
規則 7	觀察周圍的環境，找出最佳的構圖
規則 8	不要依賴閃光燈

建築照片的最佳拍攝方式、處理方式
細矢仁＝著
X-Knowledge刊行
2,100日元（含稅）
ISBN978-4767810607

〔 拍攝條件 〕
拍攝的時間是在1月下旬，時間是上午10點半到11點半。晴朗的天氣最適合拍照。

〔 器材 〕
相機是數位單眼反光相機的入門機種Canon EOS Kiss X4。鏡頭是相機附屬品的透鏡組ES-S18-55 IS。跟單眼相機的三腳架一起使用。

〔 拍攝模式跟光圈值 〕
設定光圈值可以讓照片變得比較銳利，合適的光圈值在F8～F11之間。用可以設定光圈值的光圈值優先模式，調到F8來進行拍攝。

〔 攝影師 〕
為了拍攝朋友的婚禮在最近購買數位相機，有勇無謀的以同一機種來挑戰本企劃。興趣是拍攝貓咪照片，典型的素人攝影師。

ISO感光

最近的數位相機可以使用ISO高感光值，在光線較暗的場所拍攝照片時非常的方便。但感光值越高雜訊也會跟著增加。建築照片要盡量選擇較低的ISO感光值。

ISO100

暗處也沒有出現雜訊
忠實呈現本來的顏色

ISO3200

原本不存在的顏色
像雜訊一般的出現

合適的曝光

相機會自動選擇曝光，但不一定都是理想的數值。建議使用自動包圍（Auto Bracket）機能，同時以正跟負的曝光修正來拍攝。在現場比較不容易確認拍出來的效果，這種讓人在事後挑選的機能非常方便。

－1/2EV

±0EV

＋1/2EV

自動包圍機能分別以1/2的EV（曝光值）所拍攝的照片。＋1/2EV的時候，外牆等白色的部分明顯失真。確實保留天空藍色的－1/2EV，似乎最為恰當。

協助拍攝：扇建築工房。
※微調（あおり）：對象的垂直與中心是否一致，是否因為拍攝角度而變成矩形。

選擇鏡頭

鏡頭會影響建築物的呈現方式。比較遠的角度拍攝起來會比較自然，要盡量用標準的鏡頭（35㎜換算等效焦距50㎜左右）來拍攝。如果使用可以改變焦距的鏡頭，要將鏡頭所標示的變焦指標調到標準位置，以此來尋找構圖。

中望遠鏡頭

廣角鏡頭

請注意兩者屋頂的呈現方式。廣角鏡頭（35㎜換算等效焦距28㎜）會將建築物拉近，變成從下往上看的構圖。拍攝這棟住宅的外觀時，中望遠鏡頭（35㎜換算等效焦距85㎜）會比較好。

微調修正

拍攝時若是無法取得充分的距離，常常會縮短跟建築物之間的距離，以廣角來進行拍攝。跟標準的鏡頭相比，這樣會讓建築物的上方縮小。但我們透過照片的編輯軟體來輕鬆的修正。

修正前

因為用廣角的鏡頭拍攝，建築物的上方會縮小。

微調修正後

建築物扭曲的部分變少。照片兩旁會出現無法使用的部分，拍攝的時候周圍可以拉寬一點。

編輯軟體
Photoshop Elements

修正的方法簡單到讓人意外。從選單的〔濾鏡〕選擇鏡頭修正，一邊參考方格一邊操作「變形」的視窗即可。另外也能修正亮度跟顏色，讓照片看起來更加美麗。

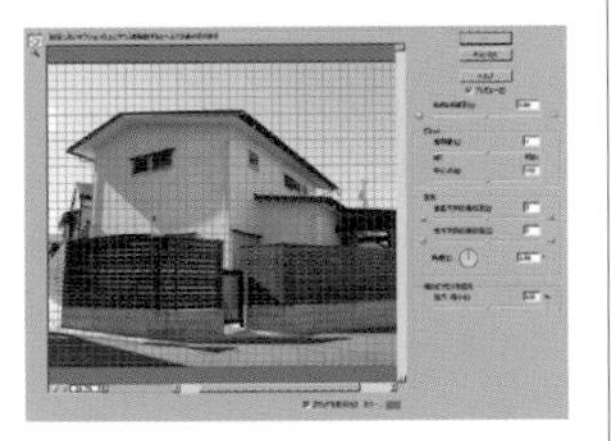

遮住陽光

住宅的正面玄關面對北方，拍攝的時候成為背光的狀態，在太陽光的干擾之下形成光斑跟鬼影。必須將射入鏡頭的光線擋住來防止這些現象。

遮住陽光前

因為背光的關係，讓2樓外牆的部分出現光斑、圍牆的部分出現鬼影。

用紙張將射入鏡頭內的陽光擋住。實際進行的時候，最好使用黑色的材質。

遮住陽光之後

遮住陽光之後拍攝的照片，成功的減緩光斑跟鬼影。

太陽光的條件

光是經過1個小時，建築物的陰影就會出現不小的變化。在太陽被烏雲遮住的瞬間按下快門，可以拍出陰影比較淡的照片。

10:20am

11:20am

在左邊的照片之中，屋頂的影子蓋住大半的牆壁，稱不上是理想的拍攝時間。右邊的影子雖然比較濃，但比左邊的照片要來得理想。

TOPICS

「變」與「不變」各大建商在外觀設計上的戰略

文=田中直輝

以不變來得到支持 Sekisuiheim跟旭化成

不知各位讀者，對於建商所推動之住宅的外觀設計有什麼樣的感想。特別是預鑄建築的建商，應該有許多人都抱持「一成不變」的想法。但同樣的造型所創造出來的穩定性，有時卻可以成為一種魅力。實際上在建商所推動的商品之中，就有許多外觀幾乎沒有變化，卻長期下來一直都有在銷售的住宅。

比方說Sekisuiheim（積水化學工業）（**照片1**）。該公司用獨自研發的單元工法來打造鋼筋住宅的主要結構，跟平屋頂搭配之下所形成的外觀，開業到現在的40年來幾乎沒有改變。雖然會隨著時代的需求來改變外牆的材質（現在以磁磚類的外牆為中心），但不論是在哪個時代，「不變」的造型都讓人一眼就能看出，這是他們所設計的住宅。

同樣屬於平屋頂的，另外還有旭化成Homes的「Hebel House」（**照片2**）。他們用名為「Hebel」的ALC板（高壓蒸汽輕質混凝土）來當作外牆的材質，以此發展出來的住宅商品，讓事業永續經營。ALC板的質感會直接出現在外牆上面，超越時代的變化，創造出只屬於他們自己的外觀。

另外，旭化成Homes將事業的焦點集中在都市住宅，面對住宅市場嚴苛的條件，2010年度（2010年4月～11年1月）跟前一年度相比，合約數量還是成長了2位數。而雖然沒有旭化成Homes這麼驚人，Sekisuiheim的訂單狀況也順利在成長。這些都告訴我們外觀設計的多元性，不一定會反應在訂單上面。

3.「xevo」（大和House工業）。新型工法讓開口處的尺寸跟位置得到比較少的限制。

1.「CRESCASA」（Sekisuiheim）。平屋頂一直都是heim系列主要的特徵。

2. 旭化成Homes的代表性外觀。ALC外牆跟平屋頂所形成的外觀設計符合都市的需求，躍身為成功的住宅商品。

4.「CASART」（Panahome）。對Panahome來說平屋頂的外觀相當罕見。

選擇改變的大和House跟Panahome

話雖如此，時代所追求的設計不斷的在變化。為了找出新時代的「代表」，有些建商把資源分配在新產品的研發跟銷售上面。最先展開行動的，是大和House在2006年所推出的「xevo」（**照片3**）。包含內部裝潢在內，xevo大幅提升住宅原本的設計性。其中相當關鍵的部分，似乎是開口尺寸比傳統建案更大的新型工法，藉此將室內跟室外巧妙的連在一起。這種優勢讓xevo成為該公司目前的主力商品。

Panahome在2012年1月推出了預定將成為主力商品的「CASART」，打破該公司以往的風格，正式以平屋頂的設計來推出一連串的商品（**照片4**）。除了考慮到市場對平屋頂的需求，似乎也透露出該公司對旭化成Homes的業績成長所抱持的危機感。

面對自身的立場跟各種不同的想法，建商對於外觀設計所抱持的觀點也各不相同。但長期下來持續銷售的商品，外觀上一定都有「足以持續銷售的理由」存在。各位讀者不妨也來研究一下，看看建商們的「變」與「不變」之處。

4

向優秀的工程行學習 外觀設計的12項秘訣

外觀技巧的秘訣

Simple Modern的住宅必須擁有精簡的造型，設計時要盡可能將不必要的凸出排除。這對陽台來說也是一樣，要盡量納入牆內。但是將陽台擺在從上到下完全平坦的牆內，會讓下方的房間面對漏雨的風險。所以可以像本案例一樣，先將整個2樓往外推，然後將陽台擺在這裡面。這樣做結構穩定、施工容易，漏雨的風險也跟著降低。

雖然往外推出，但在左右設置袖牆，讓陽台跟建築物化為一體的〔「白色方塊之家」（平成建設）〕。重點在於袖牆、屋簷內側的天花板、垂壁等，都跟牆壁採用同樣的表面塗漆。欄杆也選擇不顯眼的造型。

技巧 03 Simple Modern

將陽台設在牆壁內

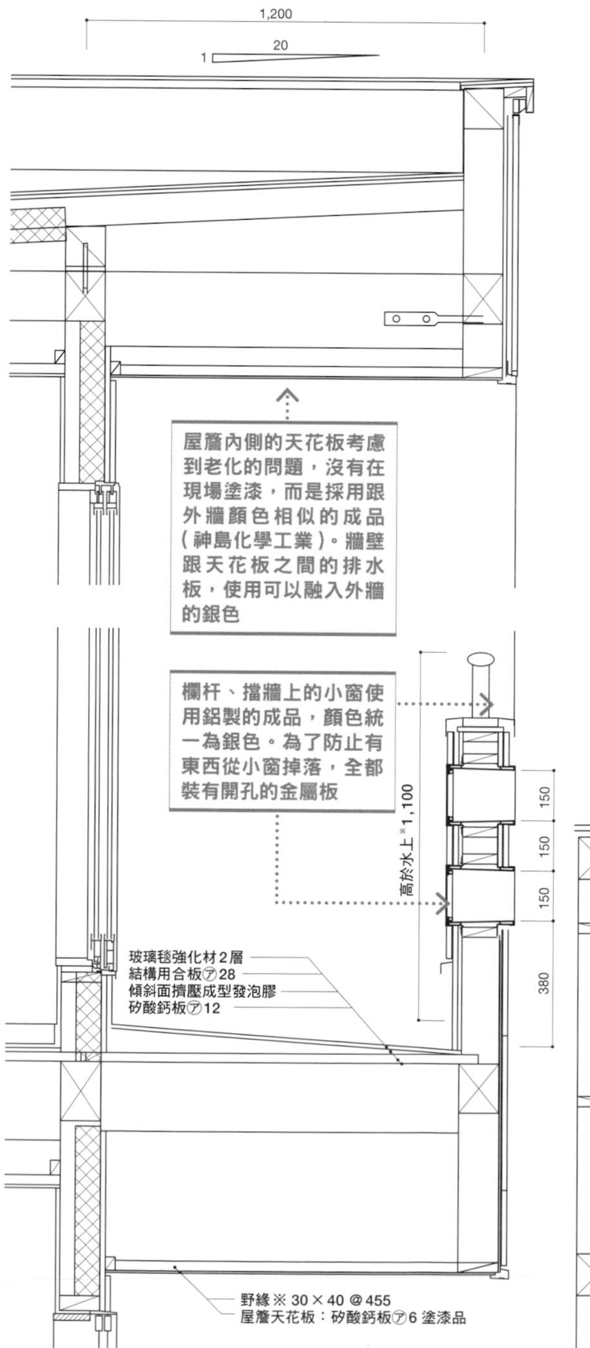

陽台截面圖（S=1:20）

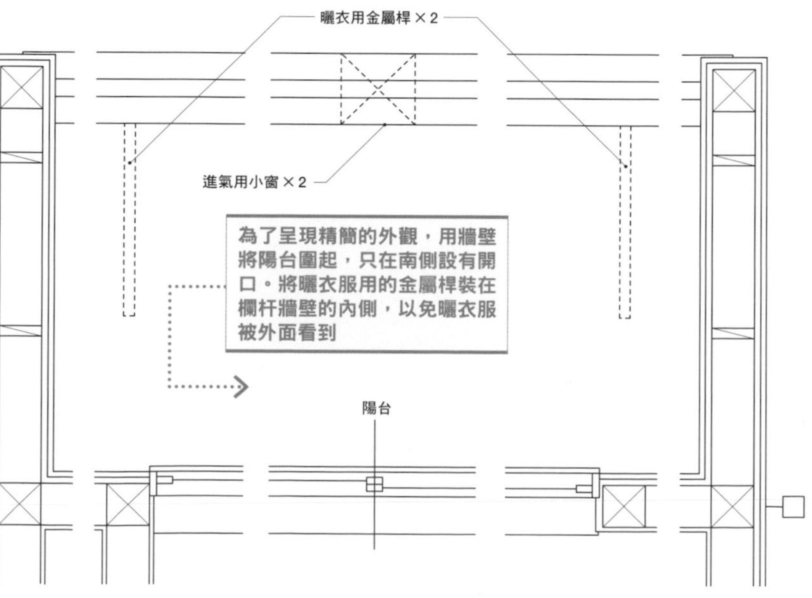

陽台平面圖（S=1：20）

※野緣：天花板內用來貼上表面材質的棒狀骨架。
※水上：建築內讓水流動的傾斜地面之中，高度最高的部分。

左／透明塗漆的寬100㎜的杉木板，以12㎜的厚度鋪在屋簷內側的案例〔「安曇野HAUS」（Delta Trust建築設計室）〕。讓母屋延伸出來，並將杉木板鋪到母屋之間的縫隙。
右／塗成跟牆壁同樣顏色的寬102㎜的松木板，以12㎜的厚度施工於屋簷內側的案例〔「涼風莊」（Delta Trust建築設計室）〕。跟牆壁形成一體感，讓建築物看起來像是一整塊的結構。

木板

技巧 04

Simple Modern　Japanese Modern　Natural Modern

會影響到外觀的屋簷內側

矽酸鈣板

上／在屋簷內側使用矽酸鈣板的案例〔「Suku Suku 2」（Delta Trust建築設計室）〕。用在屋簷比較長的屋頂，為了避免造成壓迫感，把屋簷內側當作牆壁的延伸，塗上同一色系來強調一體成型的氣氛。
下／在屋簷內側使用矽酸鈣板的案例〔「壽砂之家」（Delta Trust建築設計室）〕。雖然跟外牆屬於同一色系，但確選擇更加明亮的塗漆。只有2樓山形屋頂的部分，用牆壁延伸出來的棟跟母屋，將矽酸鈣板的結合部位遮住。

在屋簷內側使用定向纖維板（OSB）的案例〔「涼風莊」（Delta Trust建築設計室）〕。屋頂是用OSB將隔熱材夾起來的夾層構造，屋簷內側直接可以看到屋頂的OSB。照片內用來支撐板材的斜樑直接在屋簷內側露出來，從屋頂邊緣凸出1,200㎜的斜樑擁有較高的厚度（截面的長度），因此進行加工，讓斜樑的厚度變細。

OSB

【外觀技巧的秘訣】

就外觀來看，屋簷內側比屋頂更容易被看到，從外牆凸出來的結構也讓它變得格外的明顯，要用什麼樣的設計來處理這個部位，算是一個很重要的問題。一般沒有塗漆過的矽酸鈣板，總是給人廉價的感覺，如果屬於日式或自然風格的建築，最好是搭配木板或灰泥。就算使用矽酸鈣板，也要在表面塗漆，或是用木材等物體將結合部位遮住。就外觀而言，屋簷內側要比屋頂花上更多的資源跟心思。

橫鋪 × Natural Modern

橫鋪式外牆的「安曇野HAUS」（Delta Trust建築設計室）。採用美西紅側柏的Bevel外牆。這是由北美地區的住宅所使用的材料，讓外觀得到早期美式風格的印象。使用透明的塗漆，同時給人現代式木屋的氣氛。

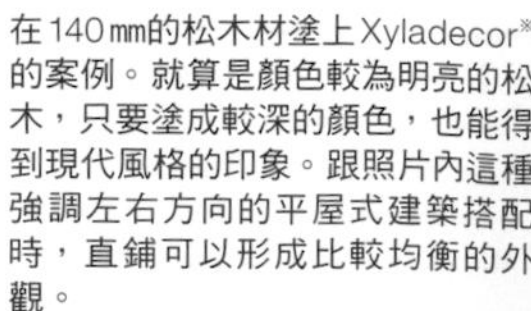

在140㎜的松木材塗上Xyladecor※的案例。就算是顏色較為明亮的松木，只要塗成較深的顏色，也能得到現代風格的印象。跟照片內這種強調左右方向的平屋式建築搭配時，直鋪可以形成比較均衡的外觀。

直鋪 × 現代和風

技巧 05

Simple Modern

Japanese Modern

Natural Modern

用木板來呈現的外觀

在1樓正面的部分使用塗上顏色之松木材的「鎮守森之家」（Delta Trust建築設計室）。木材需要定期的保養，如果只用在特定部位，最好是選擇1樓來施工。其他外牆使用色澤明亮的塗漆，或是沒有花樣的牆板。這種手法看起來就像是腰牆一般，跟現代和風很好搭配。

以橫鋪來使用木紋風格之牆板的案例「CORE II」（Delta Trust建築設計室）。就算是鋪設木板，只要像這樣使用上色的細長木板，也能成為Simple Modern的外牆。

橫鋪 ×Simple Modern

外觀技巧的秘訣

木板跟任何一種外觀設計都可以搭配，是外牆最為普遍的材質。不論和風還是洋風，木板一直都被用來當作建築物的外牆。但使用木板的時候，必須按照設計的種類來進行挑選。重點在於塗漆跟鋪設的方式。在特定部位鋪上木板，可以形成和風的外觀，如果整體都全鋪設的話，則按照塗漆的方式，可以成為自然風格（透明）或現代風格（上色）。另外還可以透過鋪設的手法，呈現出各式各樣的風格。首先要注意的是直鋪跟橫鋪的選擇。

※Bevel：高廣木材所販賣的牆板。
※Xyladecor：日本EnviroChemicals販賣的護木塗料。

用木製的直格柵來表現和風

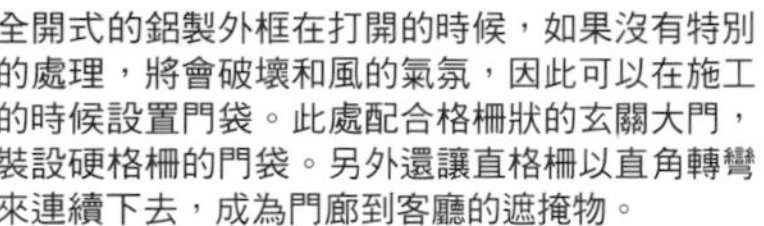

全開式的鋁製外框在打開的時候，如果沒有特別的處理，將會破壞和風的氣氛，因此可以在施工的時候設置門袋。此處配合格柵狀的玄關大門，裝設硬格柵的門袋。另外還讓直格柵以直角轉彎來連續下去，成為門廊到客廳的遮掩物。

【外觀技巧的秘訣】

通風、採光、遮蔽等等，兼具各種實用性的格子門窗，同時也是町屋門面主要的裝飾性結構，在裝飾方面也有相當的歷史。到了現代，格子門窗仍舊被廣為使用，是呈現和風建築的代表性手法之一。親子格子、切子格子※等造型極為多元，其中的極致，被認為是京町家的豎繁格子※變得越來越是纖細所發展出來的「千本格子」。纖細的格子雖然是日本的傳統，但是對現代和風的住宅來說，以較粗、較為隨興的造型來使用，反而會比較合適。

在門袋裝上木製直格柵的「平塚之家」（神奈川Eco House）。跟和風外觀非常容易搭配。

遮掩物×格柵

想要在擁有現代風格之外觀的建築，使用和風的造型，因此用小間返※的直格柵來當作陽台的欄杆，兼顧通風跟遮掩的〔「町田之家」（神奈川Eco House）〕。陽台整體的1／3沒有窗戶，讓直格柵延伸到抵達屋簷內側，讓單調的節奏產生變化。

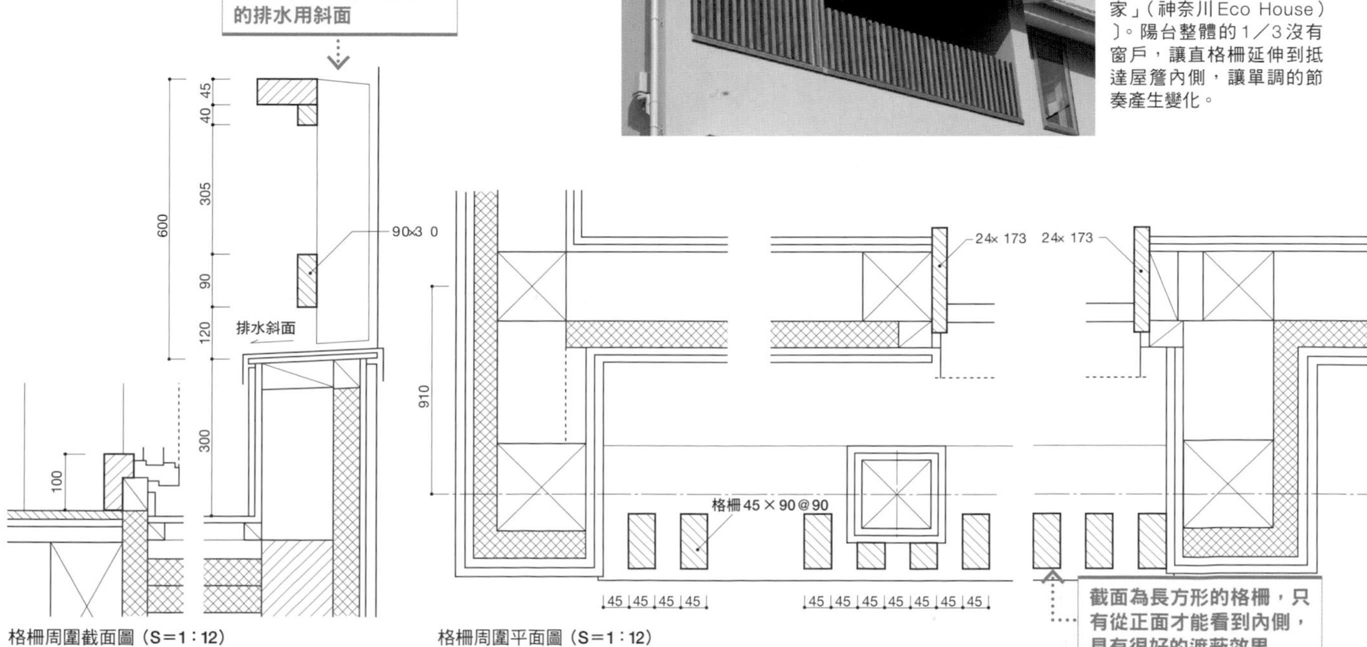

格柵周圍截面圖（S＝1：12）

格柵周圍平面圖（S＝1：12）

※小間返：（木材的正面寬度與排列的間隔相同）。
※切子格子：以一定順序排列長短木材的格柵，也被稱為親子格子、帶子（子持）格子。
※豎繁格子：間隔較細的格柵。

「國立之家」
（參創Hou-Tec／Casabon住環境設計）

〔照明〕
KOIZUMI
「AUE670047」
（停止生產）
圓筒型的照明跟Simple Modern很好搭配。目前生產的是銀色的款式。

〔照明〕
Panasonic電工
「LGW46133A」
跟木材很好搭配的棕色系投射燈。

〔門〕
TOSTEM
「Forard」
木紋的門板不論造型種類如何，都能用在各種風格的建築上。最好是質感比較逼真的類型。

〔門〕
YKKap
「Concord」
Simple Modern最常使用的玄關門。跟色澤明亮的外牆很好搭配。

〔照明〕
MAXRAY
「MB50128-02」
圓形的精簡照明，跟現代格風格的設計很好搭配。

「五本木之家」（參創Hou-Tec／Casabon住環境設計）

〔照明〕
KOIZUMI
「AUE646052」
強調外框造型的室外照明，跟現代風格很好搭配。

〔門〕
TOSTEM
「Forard」
木紋的門板跟白色外牆也很好搭配。還可以用在Natural Modern的建築，跟Simple Modern搭配在一起會給人比較柔和的印象。

「三鄉之家」
（參創Hou-Tec／Casabon住環境設計）

〔門柱〕
TOSHIN CORPORATION
「Stick 170」
照片是目前販賣的Stick 170的舊型，跟Simple Modern的外觀很好搭配。

技巧07

Simple Modern

Japanese Modern

Natural Modern

用門跟照明來形成精簡的玄關

【外觀技巧的秘訣】

從建築性處理的觀點來看，玄關周圍的外觀設計不是一件簡單的工作。除了防火、防盜、防水等機能方面的要求，對講機跟信箱等必備品也不在少數，讓人不得不去倚賴市面上的產品。對於產品的篩選，將是此處的重點。特別是現代風格，要避免顏色太過豐富、裝飾過頭的款式，最好選擇用圓形或方形來形成精簡外觀的產品。

技巧 **08** Japanese Modern

將平房收在牆內

左右較長的緣側[※]也是有效使用日式木材的部位。就動線來看也很有效果。
※緣側：外走廊。

【外觀技巧的秘訣】

以現代和風為首、擁有日式造型之外觀的住宅，要盡可能的降低建築物的高度，這樣可以得到比較順眼的外觀。在此建議大家使用平房的設計。跟目前主流的2層樓住宅相比，平房的外觀擁有絕佳的均衡性，其中所包含的魅力，絕對可以吸引委託人的注意。重點在於構造精簡的設計。本案例用1,820㎜的間隔讓牆壁跟窗戶規則性的排列。窗戶的高度幾乎抵達天花板，要注意窗框上方的垂壁不可以被外側看到。

輪流裝上雙軌式窗戶的「龍洋之家」（扇建築工房）的正面。採用規則性的間隔，就不會給人隨便的感覺。左右的袖牆也讓外觀更加緊湊。傾斜較為緩和的屋頂看起來就像平屋頂一般，讓外觀得到現代性設計的印象。

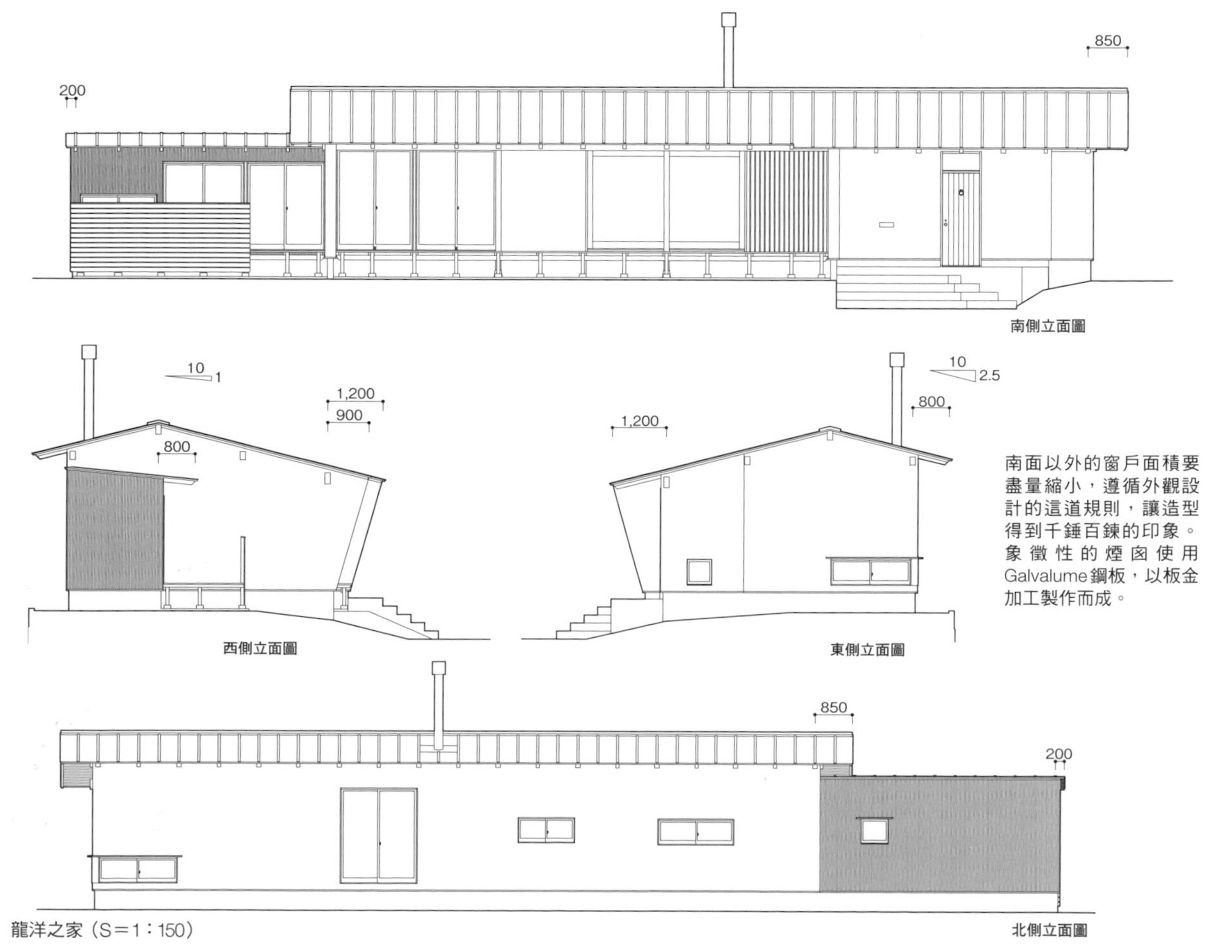

南面以外的窗戶面積要盡量縮小，遵循外觀設計的這道規則，讓造型得到千錘百鍊的印象。象徵性的煙囪使用Galvalume鋼板，以板金加工製作而成。

龍洋之家（S＝1：150）

從屋簷內側所看到的雨槽。博風板、遮鼻板的表面都是使用糙葉樹的木材。

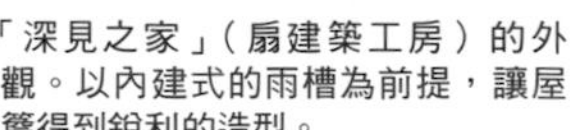

「深見之家」（扇建築工房）的外觀。以內建式的雨槽為前提，讓屋簷得到銳利的造型。

技巧 09 Japanese Modern

用內建的雨溝創造銳利的外觀

【外觀技巧的秘訣】

以現代和風為首的日本傳統住宅，基本上會採用斜屋頂，讓雨槽往外凸出。因此就外觀來看，從建築物外緣往外凸出的屋簷，要盡量採用精簡的設計。建議大家可以使用內建的雨溝。這對出自建築設計師之手的住宅來說，雖然是相當普通的設計，但卻讓雨槽完全埋在屋簷內部，讓建築物得到美麗的外表。

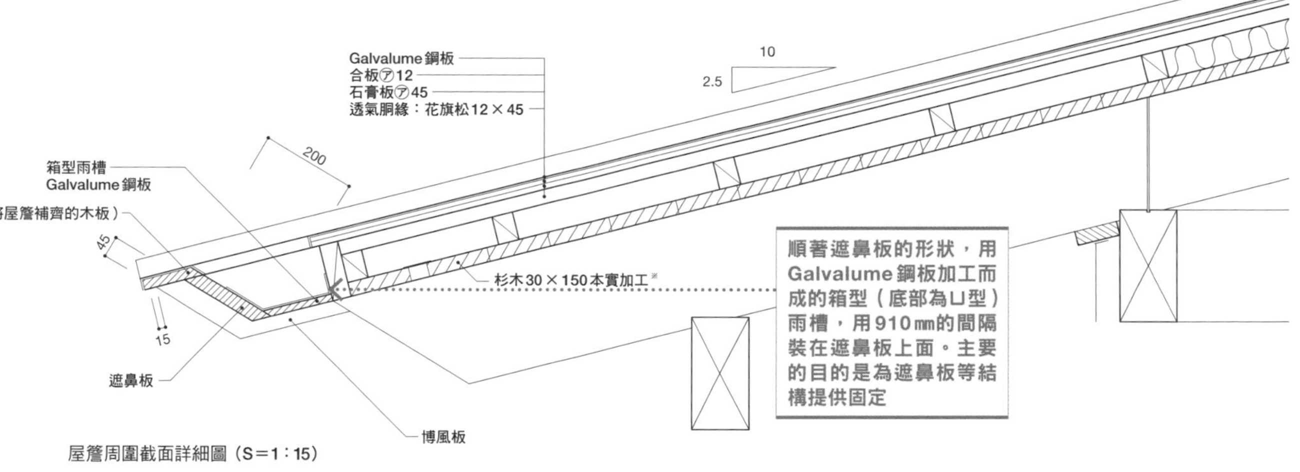

屋簷周圍截面詳細圖（S＝1：15）

外觀的1個部位，可能會讓一切都白費

提升住宅之設計性的時候，思考屋頂跟外牆的造型與顏色固然是很重要，但比所有一切都還要重要的，是細心設計每一個部位，然後正確的進行施工。

比方說雨槽。這是屋頂一定要有的設備，卻很少有案例會在裝設的時候，特別費心注意。照片1是擁有標準設計的住宅外觀，卻在整體裝上大量的雨槽，讓所有一切都成為白費。特別是屋頂轉角的部分還各裝了兩條，讓外觀顯得更加醜陋（照片2）。

之所以會變成這樣，推測是設計者或現場的監工，沒有向施工人員下達明確的指示。數量過多的雨槽，讓人不得不去懷疑施工業者利用沒有明確指示的狀況，以自身的利益為優先，使用超出需求的數量。這對屋主來說不只是外觀上產生問題，成本方面也出現多餘的花費。

這種極端性的案例，對讀者來說或許沒有什麼關聯，但管線跟設備、換氣孔如果裝在不恰當的位置，都有可能糟蹋建築的外觀，設計跟施工的時候要充分注意才行〔飯嶌政治（FourSense）〕。

1　屋頂裝有大量雨槽的住宅。
2　屋簷邊緣被裝上兩根雨槽。

※本實加工（本実加工）：在板材邊緣加上結合用的凹凸

技巧 10

Simple Modern

Japanese Modern

不會影響外觀 市面上的雨槽

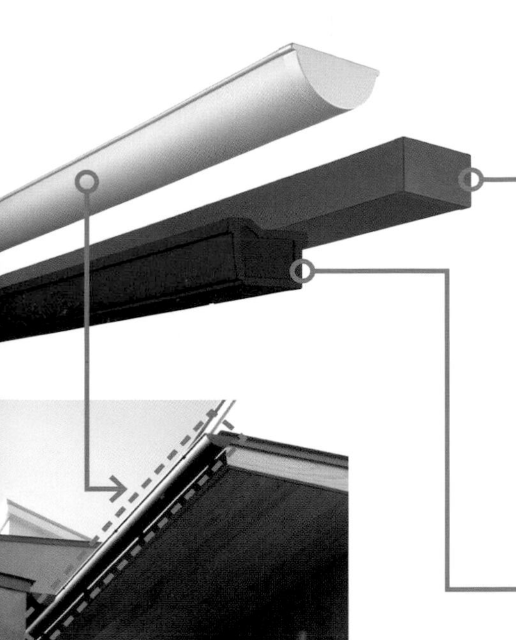

這棟住宅使用Galvalume鋼板製造的雨槽「rekugaruba」（Tanita Housing Wear），跟HACO相比，雨槽的底部比較窄。跟HACO一樣適合造型銳利的住宅使用。

這棟住宅使用造型精簡的半圓型雨槽「Standard 半丸」（Tanita Housing Wear）。嬌小的造型跟住宅的外觀合而為一。

這棟住宅使用Galvalume鋼板製造的雨槽「HACO」（Tanita Housing Wear），長方的箱型結構相當罕見。直線型的構造跟現代風格的設計很好搭配。

【外觀技巧的秘訣】

雨槽會裝在外牆延伸出來的屋簷邊緣，尺寸雖然不大，卻特別的引人矚目。因此要是沒有好好處理的話，將成為外觀上的缺陷。雨槽的重點在於不顯眼、融入住宅的外觀。最好是造型精簡、單色調、顏色與外牆或屋簷相似。另外，聚氯乙烯的產品所擁有的廉價很容易被凸顯出來，可以的話要盡量避免，選擇金屬的款式。

技巧 11

Natural Modern

自然性設計 無法缺少的門窗技巧

【外觀技巧的秘訣】

Natural Modern跟現代和風與Simple Modern最大的不同，是開口材料的選擇跟開口周圍的處理方式。現代和風的基本規則是「不顯眼、不特別處理」，相較之下Natural Modern的基本規則是「突顯出來、進行裝飾」。用French Door等厚重的木製產品來當作門板，窗戶最好也是木造。在窗戶周圍用鑄造的零件當作裝飾，也是重點之一。

窗戶 × Natural Modern

用白色外框來裝設上下開合之窗戶的案例（Papa Mama House）。窗戶周圍的底層先鋪上木材，然後塗上跟外牆一樣的顏色，看起來就像是用鏝刀堆高一樣。

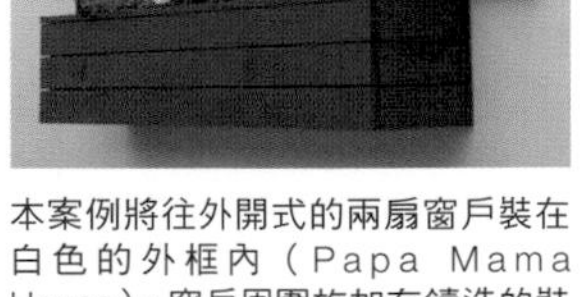

本案例將往外開式的兩扇窗戶裝在白色的外框內（Papa Mama House）。窗戶周圍施加有鑄造的裝飾品。

French Door

Simpson公司製造的French Door的整體外觀，造型相當的厚重。

Simpson公司用加州鐵杉製造的French Door。厚重的顏色跟建築外觀的風格很搭。

本案例的外牆材質所使用的角波板（旭化成建材「Hebel Light • Design Panel Arc Line 50」）用ALC取代Galvalume鋼。塗成黑色可以得到沉穩的氣氛。由下方介紹的現代和風住宅用在外牆上面。

技巧 12

Simple Modern

Japanese Modern

堅持使用容易跟現代風格搭配的波浪板外裝材質

左邊是使用Galvalume鋼板的案例〔「7 Skip floor之家」(平成建設)〕。雖然屬於Simple Modern的設計，要是委託人不喜歡將金屬板用在正面，可以活用在其他特定部位來形成銳利的感觸。

一般的Galvalume鋼角波板。跟小波板相比給人比較尖銳的印象。跟ALC板不同的，在邊緣使用包覆用的配件。

【外觀技巧的秘訣】

角波的外牆材質，可以讓外觀得到尖銳的印象，不論是和風還是洋風，只要是現代風格的造型就可以拿來搭配。提到角波板等有凹凸存在的外牆材料時，大多是以Galvalume鋼或鋁合金的產品為中心，但如果遇到不喜歡金屬材質的委託人，也可以用刻劃出角波造型的ALC（高壓蒸汽輕質混凝土）板代替。

5

提升一個家給人的印象

室外結構的設計技巧

優良工程行的必備條件

室外結構的設計技巧

住宅的預算降低，不想把錢花在室外結構的現在，許多優良的工程行為了跟競爭對手有所差別，開始把心思集中在「室外結構」上面。這些工程行非常的清楚，對屋主來說充滿魅力的住宅，必須擁有良好的外觀，而其中許多要素都是由室外結構負責。

就算只有１棵也要試著種樹

室外結構之中，植物對委託人的滿意度有很大的貢獻。
許多案例會因為沒有預算、沒有空間而放棄種植物，但可千萬不要如此。
就算只有１顆數萬日幣的植物，也能得到很大的效果。

在建築物正面邊緣種上１棵樹

精簡外觀的正面設有可以種植物的空間，讓外觀得到更加豐富的印象（輝建設）。

種在露台的旁邊

在露台旁邊種上大花四照花，不論是外觀還是露台的景觀，都飛躍性的提升（田中工程行）。

受屋主歡迎

值得推薦的１棵

右邊所顯示的，是建築設計師跟優良工程行積極採用的樹種。不論哪一棵都擁有輕飄的感觸，可以融入任何一種設計之中。

四照花

雞爪槭

連香樹

大花四照花

在露台的一部分設置附有灌溉系統的小花園

將可以自動澆水的灌溉系統裝在露台上的案例。最適合生活忙碌的屋主（Assetfor）。

在露台設置大型的盆栽

盆栽也是選項之一。最好選擇可以種植矮樹的大型盆栽。照片內的樹木為光臘樹（相羽建設）。

將露台的一部分打穿來種植物

將露台木板的一部分打穿來種植山楓的案例。

讓露台的一部分成為種植物的空間

建築的用地要是沒有充分的空間，可以在2樓陽台鋪上木板，把植物擺在這裡。讓露台成為私人的花園，增加生活的舒適性。對都市型住宅來說，非常值得一試。

用「本土樹種」造園的積水House

積水House的室外結構、綠化事業在2001年提出了名為「5顆樹」的奇妙計劃。這份計劃以「3棵給鳥，2棵給蝴蝶，配合各個地區使用本土樹種」來當作標語，提倡在屋主的庭園內使用可以跟其他生物分享的本土植物，打造出對人類、對所有生物來說都適合居住的環境。

具體的執行方式，是從日本本土樹種之中，包含野生種、自生種、原生種在內，選出大約100種的品種。再從這之中另外選出適合各個住宅環境的樹木，在住宅的庭園創造出迷你的「後山」，藉此對該地區的自然環境有所貢獻。除了以個案的方式用在訂購型住宅的身上，這份計劃也在住宅地分讓事業之中發展，光是2008年度一整年下來的種植數量，就高達85萬棵。

另外從2007年開始，創設可以用手機確認樹木品種或鳥類叫聲的網站「5棵樹．野鳥手機圖鑑」。透過住宅、住宅展示場等各種樹木身上「植物卡片」的QR碼，任誰都可以輕鬆找出樹木的詳細資料跟購買方式。觀察大自然的時候也能當作搜尋工具使用，現在每年有達到10萬以上的瀏覽數量。

另外，該公司也製作刊載有大約100種樹木跟相關鳥類、昆蟲的手冊，讓營業員帶在身上給客戶參考，特別是跟喜愛園藝的族群洽談時，帶來了很大的貢獻。

（田中直樹）

用「5棵樹」計劃打造的庭園。

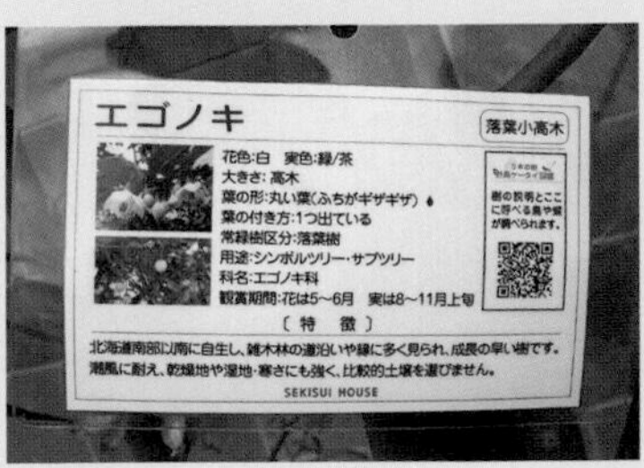

住宅跟住宅展示場的樹木身上的「植物卡片」。

簡單又有效的「窗」面綠化

牆面綠化可以得到隔熱等各種效果，
但是要讓整面牆壁都佈滿藤蔓，
卻不是一件簡單的事。
在此要向大家推薦的是，只讓窗面綠化的手法。
窗戶面積較小，要讓藤蔓攀爬並不困難。
將窗戶的陽光擋下，就抗熱方面來看也有很好的效果。

種苦瓜綠化牆面

從室內看窗戶外面，植物緩緩的將太陽光擋下。打開窗戶會有涼爽的微風吹入。

朝面向西側的窗戶成長的苦瓜。苦瓜容易照顧，還有果實收成的樂趣存在（相羽建設）。

小型遮陽板的前端有開孔，用繩子將植物綁住，順著此處來攀爬。

緩和陽光

值得推薦的1棵

牆壁表面對植物來說是嚴苛的環境，能夠選擇的植物種類有限。右邊介紹的2個品種，對土壤跟陽光等條件都不挑剔，照顧起來比較容易。

爬牆虎

常春藤類

在通道上要盡量種上植物

不論是住戶或者是訪客，
如果能夠在必須往來進出室內的通道上
種植植物的話，
會大幅改變建築物的印象和氣氛。
由於住宅用地內部映入眼簾的機會很多
所以在這塊區域裡一定要用心做好植栽。

在通道上種植高樹跟矮樹

雖然是小型的通道，但組合高樹跟矮樹，讓空間得到延伸出去的感覺（相羽建設）。

適合種在通道上

值得推薦的1棵

種在通道的植物，要選擇不會阻礙通行、不會往橫的方向延伸、容易修剪的品種。光臘樹等品種都是高人氣的選擇。

光臘樹

加拿大唐棣

榉樹

用植物覆蓋建築物的表面

植物的存在，可以讓外觀得到豐富的色彩。此處種的是錦繡杜鵑跟瑞香。

可以提升外觀印象的「道路旁」綠化

用地內要是沒有足夠的空間，
在道路跟建築物之間種植物，也是一種方法。
乍看之下，這樣似乎沒有什麼用處，
但綠色的存在可以提升外觀的印象，
跟庭園內側的空間相比，
更容易出現在視線之中，照顧起來也更為方便。

道路旁綠化可以成為正面外觀上的點綴

在建築物跟停車位之間的狹小縫隙，種植加拿列常春藤（田中工程行）。

在人潮較多的道路旁綠化

種在交通流量較高的道路旁邊，可以得到遮蔽跟降低噪音的效果。此處種的是具柄冬青跟黑竹。

鋼筋混凝土護土牆的綠化

在護土牆種上藤蔓等植物，可以讓印象大幅的改觀。此處種的是卡羅來納茉莉（相羽建設）。

值得推薦的1棵

有些樹種無法承受汽車排放的廢氣。在都市等交通流量比較高的場所，可以選擇右邊這些抵抗力較強的品種。

刺塊

柃木

沒有空間也能設置露台

**露台稱得上是開放性的室內空間，
對屋主來說是令人憧景的設備。
一般認為前提是用地要有某種程度的規模，
但就算狹窄也可以讓人滿意。
不論是在小巷還是在室內，
有跟沒有的舒適性可是大不相同。**

在狹窄的空間設置雙重的木製露台

在小巷之中，設置1樓跟2樓一體成型的雙重露台。2樓的露台可以為1樓帶來遮陽效果（岡庭建設）。

在小巷內設置露台

在圍牆跟建築之間，裝設市面上所販賣的露台。可以當作室外的作業場所等，用在各種不同的用途上（Assetfor）。

鋪上露台的迷你中庭

擺在室內中央的露台。將室外的變化有效的帶到室內，是非常有趣的嘗試。露台下方裝有集水井。為了將累積的污垢跟落葉去除，可以將露台拆下來清洗（輝建設）。

2樓較狹窄的露台要讓視線不受阻礙得到開放性的氣氛

**露台擺在2樓，
在保護隱私的同時，
還可以用更為開放的方式來使用室內空間。
用地狹小無法取得充分的空間時，
可以將露台欄杆的一部分拆下，
讓視線抵達遠方，來減少狹窄的感覺。**

用鋼索來形成開放性的露台

將Galvalume鋼板之圍牆的一部分去除，用鋼索來當作安全圍欄的案例。就算沒有高級的鋼索張力系統，也能用圓環螺栓跟鋼索夾來實現（田中工程行）。

用方形管製作的開放性露台

用22㎜方形管，以焊接製作而成的欄杆，讓陽台得到開放性的氣氛（輝建設）。

空間允許的話盡量設置大型的露台

要是用地條件允許的話，
要盡量設置大型的露台。
露台要是擁有客廳一般的大小，
則可以當作用餐或休閒的空間，
讓生活變得更加多元。
可以設置固定式的板凳或其他方便的設備，
鼓勵居住者積極的去使用。

◎讓室內跟室外化為一體的大型露台

室內地板跟室外露台的鋪設方向相同，讓內外形成一個大型的空間（岡庭建設）。

◎設有吊床的大型露台

分別連繫土間跟客廳的2段式露台。吊床也能移到室內使用，是露台高人氣的附屬設備之一（北村建築工房）。

◎設置高低差跟扶手的大型露台

在露台邊緣裝上扶手兼板凳的案例。大型露台可以用地板的高低差來產生變化（相羽建設）。

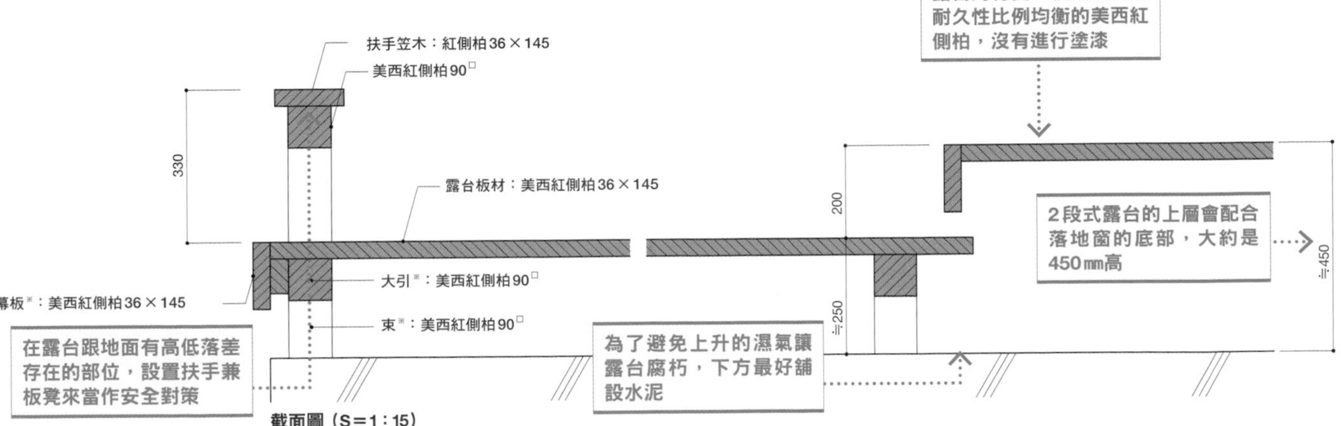

圖面：田中敏溥

※幕板：區分境界用的長方板材。
※大引：1樓木造結構的骨架，下方沒有地基，用束（骨架的垂直部分）支撐。
※束：支撐大引的垂直木材。

無論如何都要設置門柱

不論有沒有門、有沒有圍牆，都要盡可能的設置門柱。特別是沒有圍牆的場合，門柱可以當作內外的境界，對防盜也有幫助。另外，門柱是相當顯眼的設備，可以讓外觀更加豐富。

◎ 木板的門柱

跟木板的圍牆用同樣的方法，來製作門柱的案例。表面材質跟圍牆一樣，可以讓外觀得到統一感（北村建築工房）。

◎ 在電錶裝上木製的遮罩

電錶、瓦斯錶如果必須裝在正面，直接裸露在外並不美觀。可以像這樣用板子圍起來（相雨建設）。

◎ 將枕木豎起來當作門柱

將枕木加工，當作門柱使用的案例。枕木擁有獨特的質感，當作門柱能有強烈的存在感（Assetfor）。

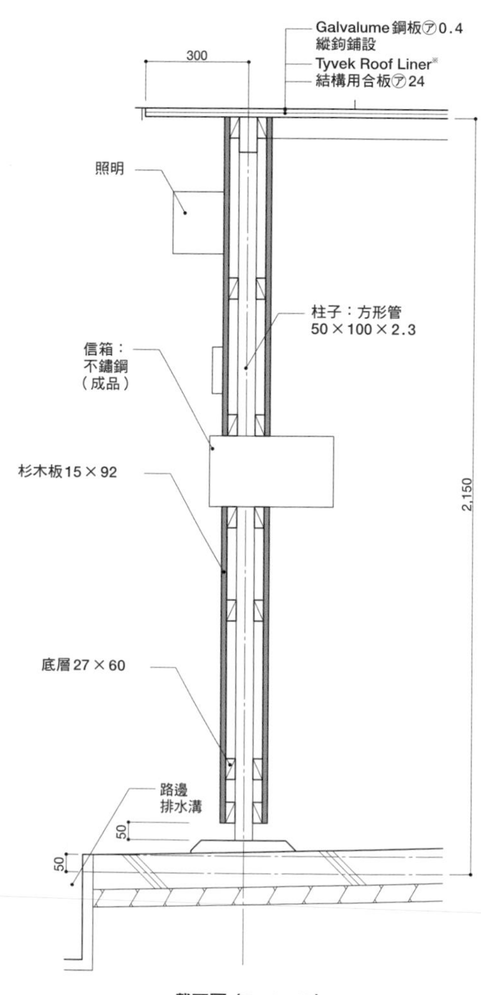

截面圖（S=1：20）

◎在門柱裝上屋頂來停放腳踏車

從門柱到圍牆的部分設有屋頂。在屋頂下方可以停放腳踏車。

※Tyvek Roof Liner：DuPont-Asahi Flash Spun Products販賣的透氣防水布。

圍牆要用磚塊＋木板

磚塊跟木板組合出來的圍牆，是優良工程行積極採用的結構之一。不只是擁有優良的外觀，成本也不會太高。改變木板的尺寸、增加縫隙的距離等等，造型的調整也很容易。

◎跟不鏽鋼柱組合的磚塊、木板圍牆

30×40㎜的杉木板，以細小間隔的橫向鋪設，30㎜一方當作正面。加上不鏽鋼柱，板材交換起來相當的方便（Assetfor）。

◎造型精簡的磚塊＋木板的圍牆

跟下圖採用同樣構造的案例。裝上笠木來提高支柱的耐久性（相羽建設）。

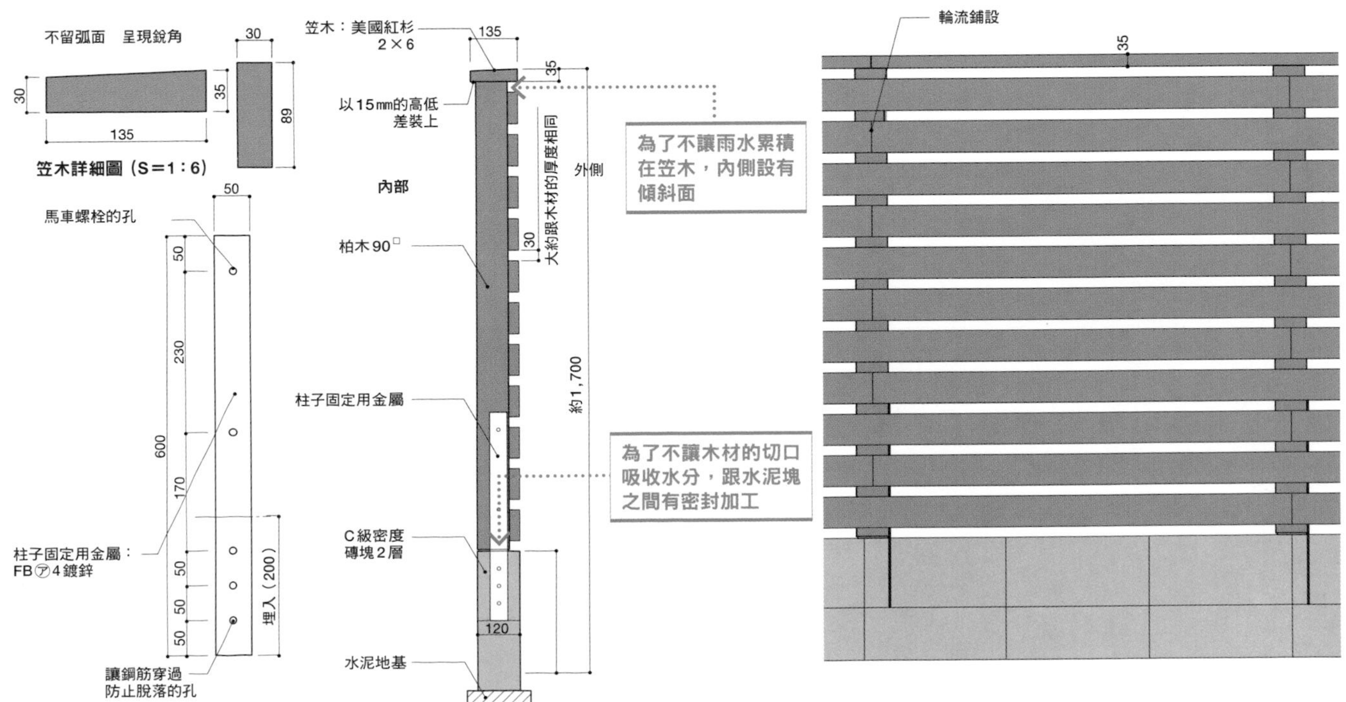

守則5 讓封閉之室外結構的內部開放

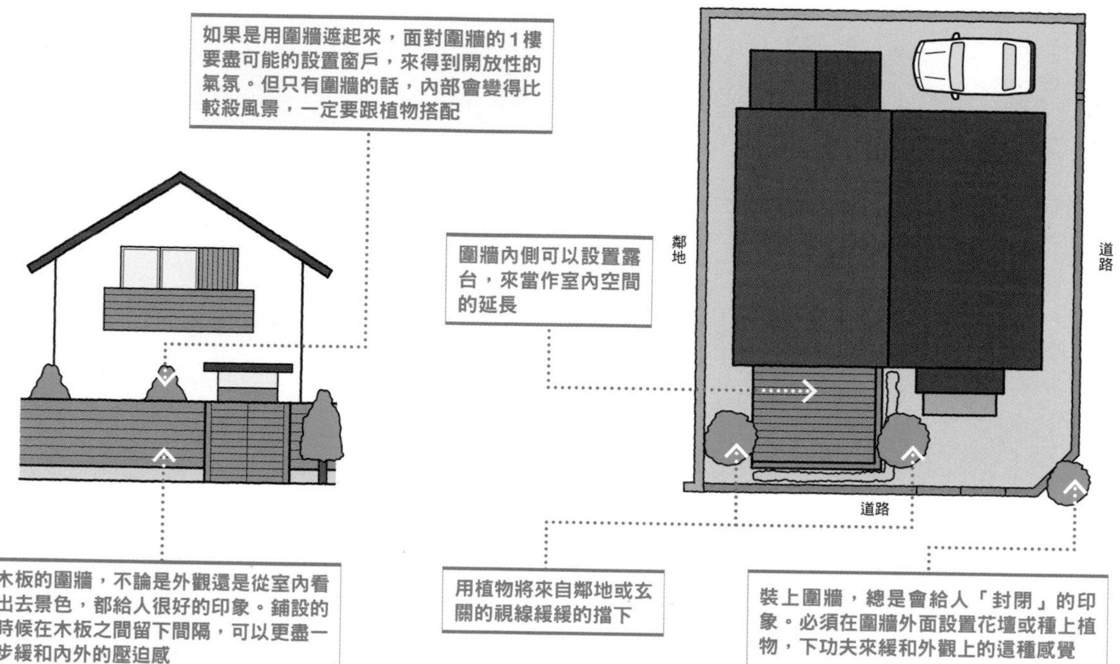

橫向鋪設的木板圍牆。板材的正面比較細，並且露出縫隙，讓光跟風可以緩緩的進入用地內（Four Sense）。

使用橫向鋪設之木板圍牆的住宅外觀。木板的圍牆跟水泥磚相比，給人比較輕快的印象，足以成為外觀上的點綴（相羽建設）。

守則6 讓封閉的建築物有部分打開

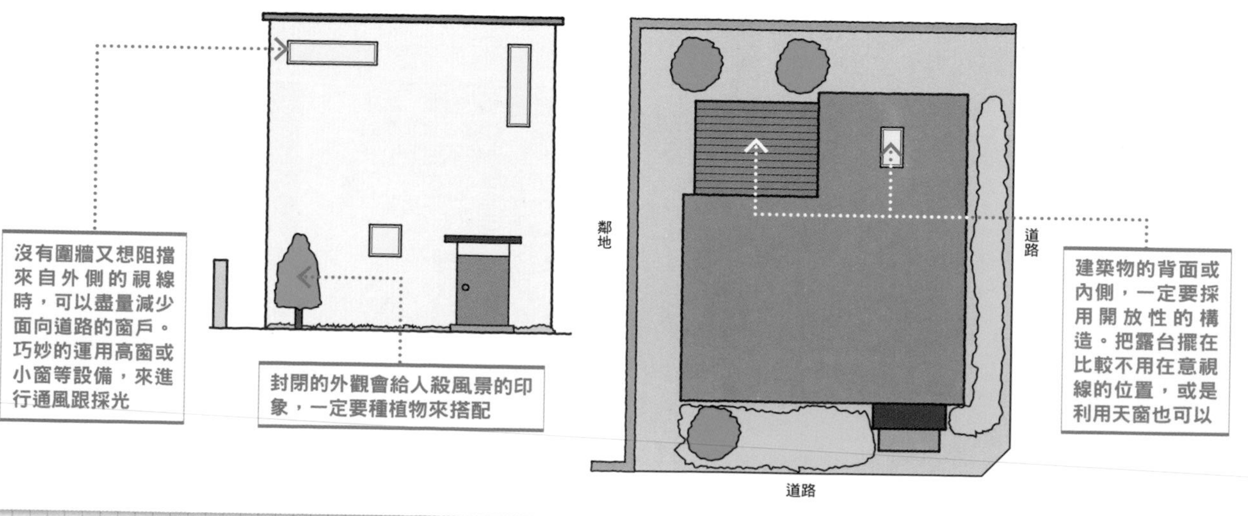

6

創造舒適的空間 照明設計技巧

對優良的工程行來說理所當然

照明設計技巧

優秀的工程行，會用照明來跟其他同行有所區別。
這是因為他們很清楚，照明可以讓空間給人的印象，產生戲劇性的變化。
不用花太多成本與功夫，且難度也不高。

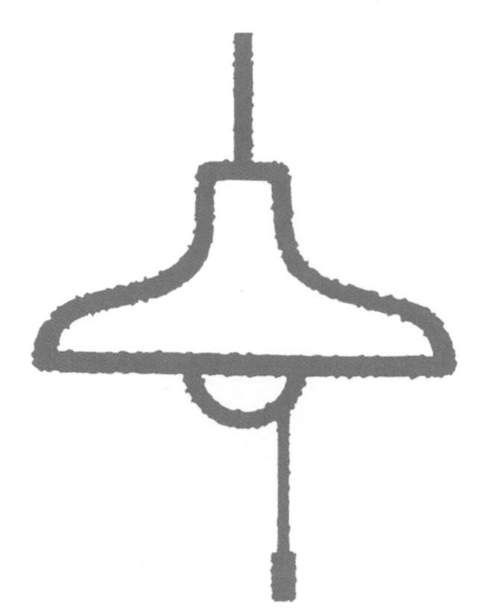

用地板燈讓空間產生陰影

最為簡單且值得讓人推薦的，
是使用市面上所販賣的地板式檯燈。
在雜貨店只要數千日幣就能買到。
光是在擺在櫃子上面，或是架空樓梯的下方，
就可以讓空間的造型提升好幾個層次。
特別是跟架空樓梯擁有絕佳的搭配性。

◎擺在狹窄空間的家具上

如果是只有廁所的空間，只用一盞地板式檯燈也沒有問題。櫃子的內側設有插座（Kirigaya）。

在玄關收納擺設地板式檯燈的案例。也可以光靠這一盞，來負責玄關所有的照明（Kirigaya）。

◎擺在架空樓梯的下方

在架空構造的下方擺上地板式檯燈。用崁燈將走廊盡頭的牆壁照亮，可以讓走廊得到延伸出去的感覺（Kirigaya）。

在玄關收納跟架空樓梯的下方，設置地板式檯燈的空間。本案例只用地板式檯燈來當作照明（Kirigaya）。

在架空樓梯的下方擺設地板式檯燈，以樓梯為中心創造出擁有陰影的空間（Kirigaya）。

用壁燈照亮牆壁

配合100mm四方的磁磚，使用大小幾乎相同的正方形燈具，在造型上得到統一感（Kirigaya）。

在客廳使用大量壁燈的案例。以多盞的燈具來確保亮度（Kirigaya）。

用崁燈照亮牆壁

在牆邊設置洗牆式的崁燈，當作間接照明來活用（Kirigaya）。

使用壁燈、崁燈來當作間接照明

牆上的壁燈跟一部分的崁燈，光是裝在房間內，就能產生間接照明的效果。對於沒有必要特別照亮的房間來說，可以多加利用這種簡易照明，來創造出有氣氛的空間。

建商的LED戰略

在照明的領域之中，LED正受到熱烈的矚目。活用LED那有別於傳統照明的特徵，各大建商正積極的展開提案。

Pana Home在2011年10月，於東京都新宿的住宅展示場內，設置了所有照明都使用LED光源的展示屋。採用的是Panasonic電工的製品。展示屋是兩代同堂的住宅，由小孩家庭跟父母親家庭的兩棟建築所構成。父母親家庭的一方，所有照明都使用LED光源（74盞），當作時代尖端之節能照明的訴求。小孩家庭的一方，則是用LED照明搭配最新式的螢光燈，讓人體驗降低耗電量之後的燈光亮度。室外結構一樣也是使用LED照明。

小孩家庭的3樓，設有可以讓人比較LED跟白熱燈泡的空間，並且標示有兩者的經濟效益跟二氧化碳排放量。另外在小孩家庭的2樓，可以體驗配合生活場景來改變照明效果的「Symphony Lighting」。

積水House也在2012年的12月，於關東．住宅之夢工場（茨城縣 古河市）設置所有燈具都使用LED光源的展示屋「生活光亮之館」。館內將長條型LED當作整體照明來使用。以間接照明的方式將牆壁跟天花板照亮，實現不刺眼的照明環境。除此之外，各個部位都可以看到將LED融入建材與家具之中，企圖擺脫傳統住宅照明必須購買燈具來裝設的提案。（田中直輝）

Pana Home的案例，在天花板的縫隙內（家具上方）裝設LED照明。

積水House的案例，用LED光源來當作廚房照明。可以按照時間來調整亮度。

間接照明最適合給衛浴使用

大部分的衛浴，都不需要進行讀書跟家事等，比較細微的作業，用間接照明來大膽的計劃一番，也很少會出問題。此處的照明計劃要重視氣氛，緩和衛浴空間冰冷的表面。

用間接照明來照亮浴室天花板

在浴室的窗戶上方裝設照明的案例。考慮到維修的問題，採用LED光源（Organic Studio）。

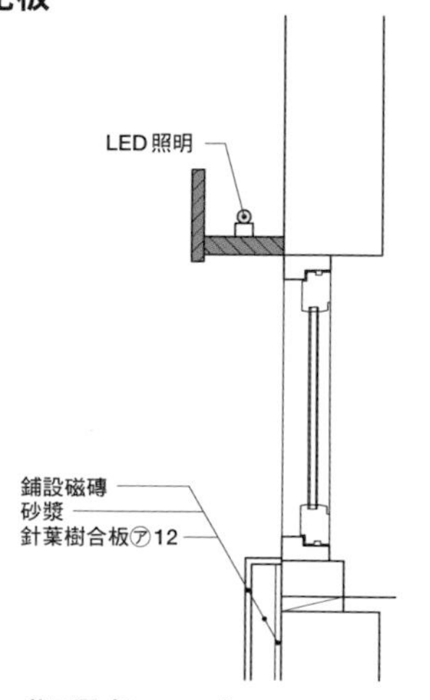

截面圖（S＝1：20）

在鏡子內側裝上照明1

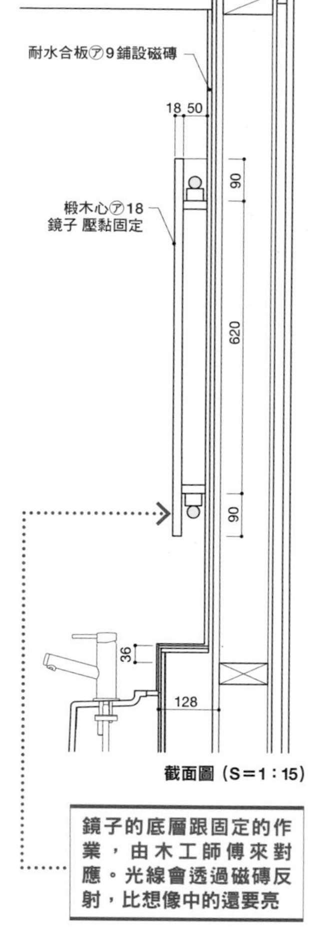

截面圖（S＝1：15）

鏡子的底層跟固定的作業，由木工師傅來對應。光線會透過磁磚反射，比想像中的還要亮

鏡子內側的光線會擴散到天花板跟洗臉台，讓空間充滿柔和的光芒（Kirigaya）。

在鏡子內側裝上照明的案例。衛浴跟間接照明很好搭配（Kirigaya）。

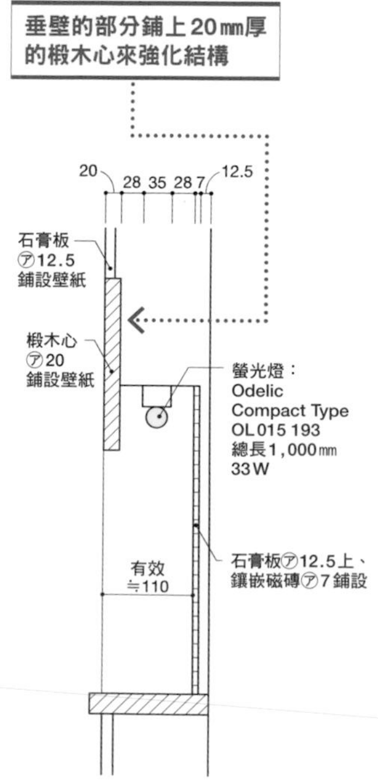

截面圖（S＝1：10）

把照明裝在牆內

鑲嵌磁磚直接用接著劑貼在底層的石膏板上

螢光燈在鑲嵌磁磚的反射之下，成為印象深刻的光澤（Assetfor）。

挖穿牆壁來創造設計性的空間

把牆壁鑿穿，在裡面裝設照明也是一種方法。但使用這種手法的時候，設計的品味將非常重要。光是跟牆壁使用同樣的材質並裝上照明也行，但如果能像照片這樣調整表面材質，可以形成店面一般的高質感空間。

用建築照明照亮天花板讓空間得到伸展性

所謂建築照明，就是在裝修建築時納入間接照明的意思。
雖然建築師等人大多使用固定的照明方法，但事實上做好建築照明並不難。
將天花板或者是牆壁一部份做變更，在變更處安裝照明設備就可以了。

讓天花板的一部分延伸來當作間接照明的案例。照向天花板的光線成為柔和的光芒，將空間包覆起來（Kirigaya）。

讓天花板延伸出去來設置間接照明1

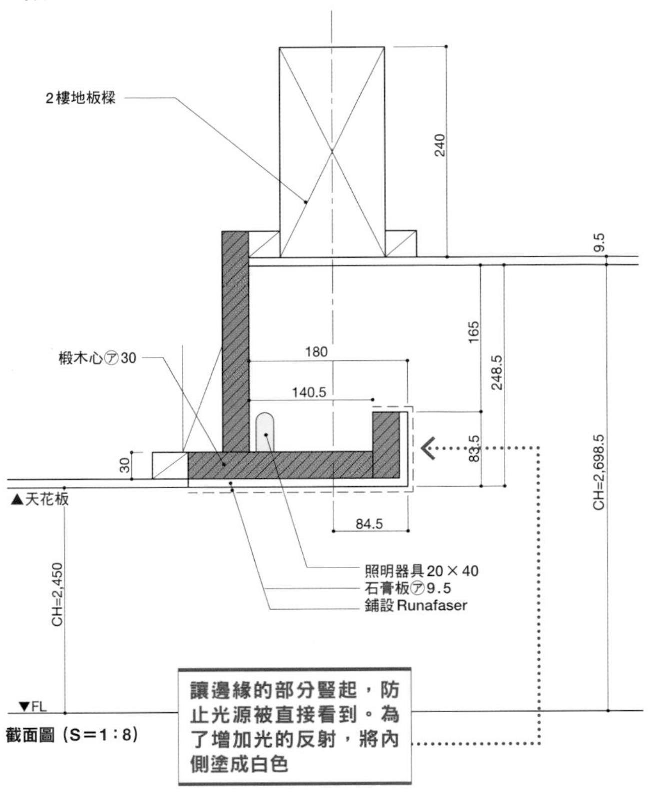

讓天花板延伸出去來設置間接照明2

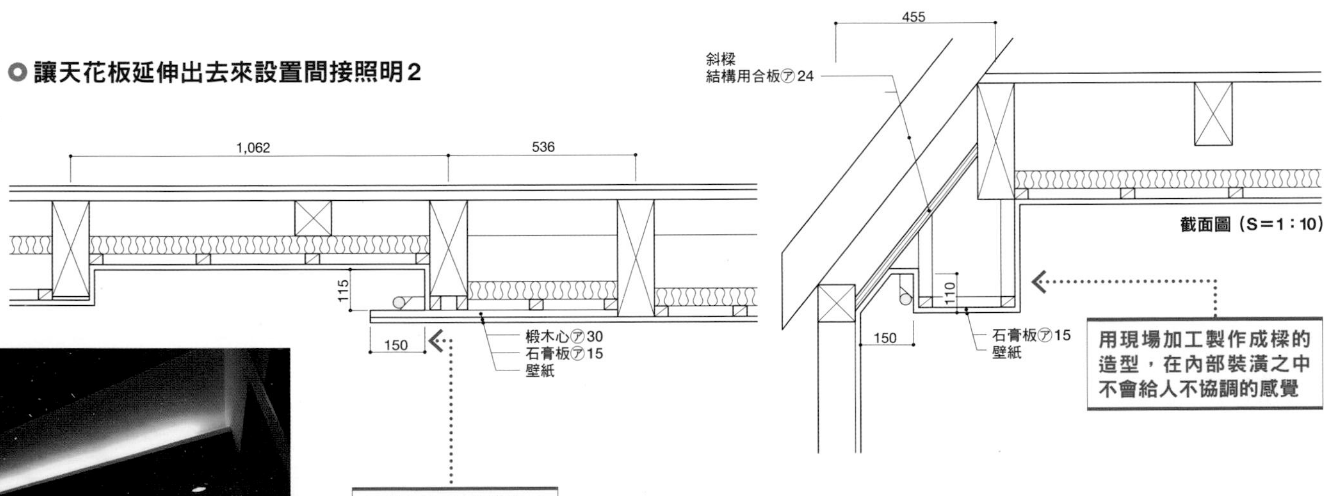

將天花板的一部分改成建築化照明的案例。用現場製作的簡單結構跟螢光燈，形成充滿氣氛的空間（Assetfor）。

天花板凸出來的尺寸為150㎜，將螢光燈裝在此處。用椴木心來強化底層

兼具窗簾軌道盒

113
24　65　24
椴木心㋐24
白色塗漆（跟壁紙同色）
180
70
24
86
石膏板㋐12.5
鋪設壁紙

將窗戶上方的窗簾軌道盒，塗成跟牆壁或天花板的壁紙一樣的顏色。考慮到光線的反射，將內側塗成白色

截面圖（S＝1：5）

將窗簾軌道盒的一部分加工，來設置照明的案例（Kirigaya）。

用家具製作簡單的間接照明

家具會讓室內產生凸出跟凹陷的部位，
我們可以利用這些凹凸，來設置照明。
特別是現場打造的家具，
可以事先策劃好電線的位置，
以及更加有效的照明計劃，
擺在光線可以抵達天花板、地板、牆壁的位置，
成為有效的間接照明。

將照明裝在櫃子上方

在廚房的櫃子上方裝設照明。
清楚照亮櫃子內的器具。

LED照明
裝飾櫃：St㋐1.6ϕ12
蜜胺塗佈
椴木心㋐15

裝飾櫃的後方空出6㎜左右，讓光線可以抵達下方的櫃子

截面圖（S＝1：20）

直接裝到櫃子內

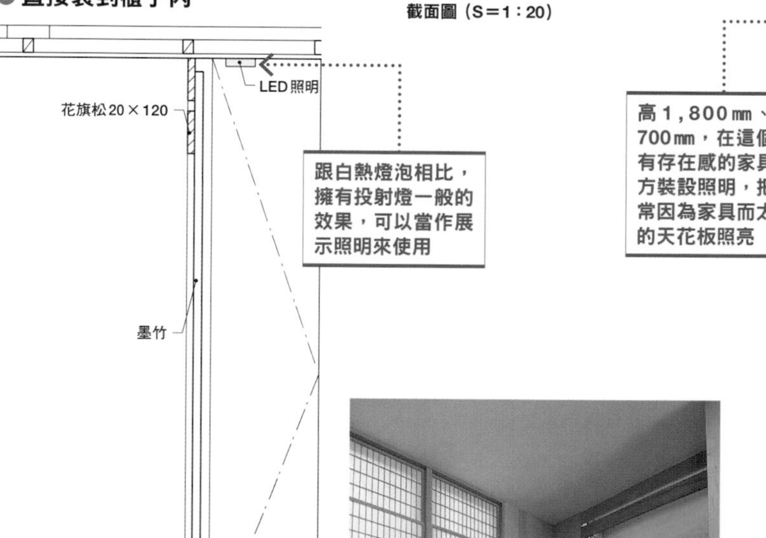

跟白熱燈泡相比，擁有投射燈一般的效果，可以當作展示照明來使用

截面圖（S＝1：20）

這間和室沒有在天花板設置燈具，用凹間的兩個照明將整個室內照亮（Organic Studio）。

擺在家具的上面

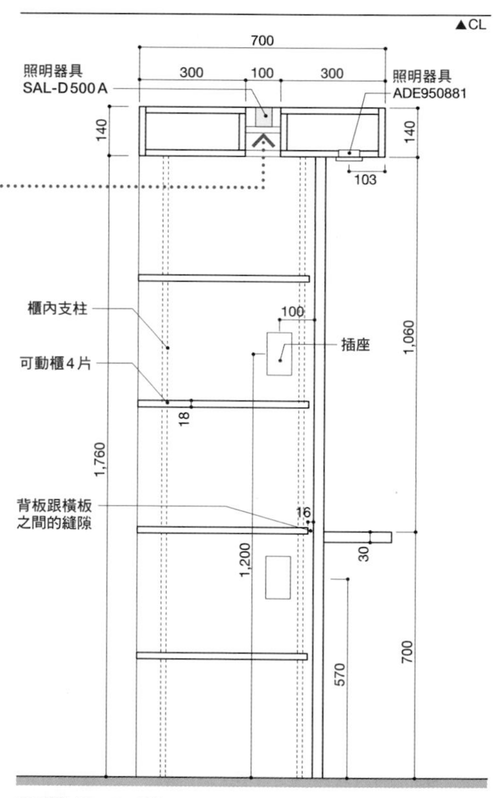

高1,800㎜、深700㎜，在這個擁有存在感的家具上方裝設照明，把常常因為家具而太暗的天花板照亮

截面圖（S＝1：20）

裝在櫃子上方的間接照明，另外準備有作業用的投射燈（Kirigaya）。

由木工師傅製作的精簡照明設備

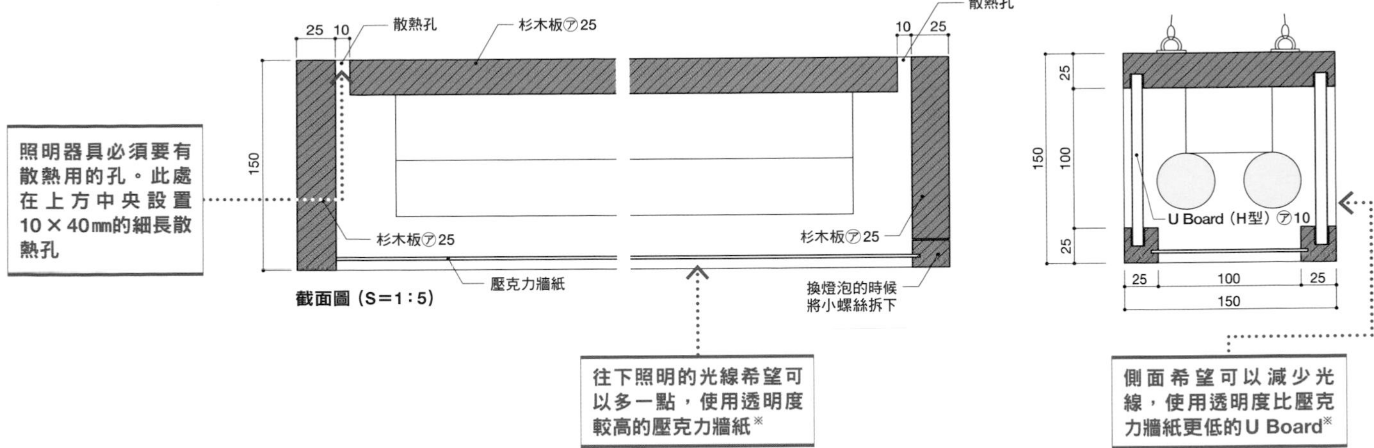

用半透明的材質改變房間內光線的質感

螢光燈在穿過半透明的材質之後，可以均衡的將整個室內照亮，很適合用在住宅空間。在此介紹一些使用半透明的板材，由木工師傅以低成本製作的精簡照明設備。

本照明組合壓克力牆紙跟U Board這兩種不同的半透明材質（岡庭建設）。

在天花板的一部分裝設紙門，來成為間接照明

本案例把螢光燈直接裝在天花板的底層，配合地板樑的寬度來裝上紙門當作遮罩（岡庭建設）。

將天花板的一部分打穿，將螢光燈裝在內部，用貼上壓克力牆紙的紙門當作遮罩。

在補強用的斜樑裝設照明

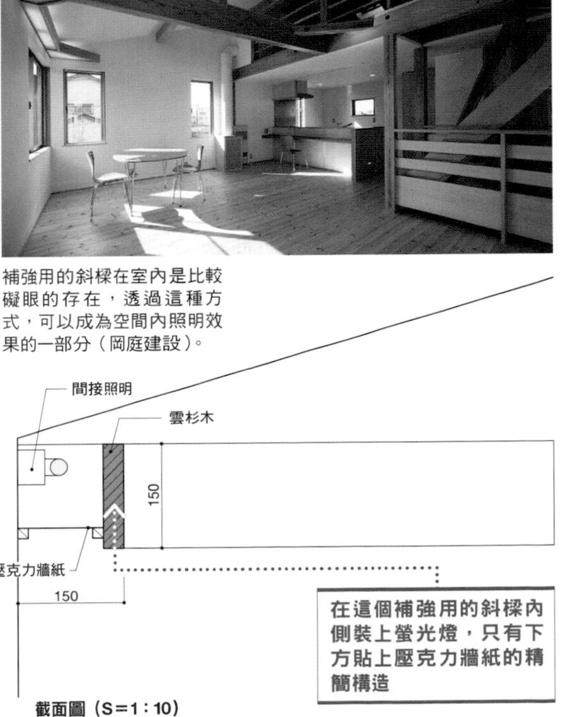

補強用的斜樑在室內是比較礙眼的存在，透過這種方式，可以成為空間內照明效果的一部分（岡庭建設）。

※壓克力牆紙（Acryl Warlon）：Warlon製造的壓克力紙。
※U Board：ASAHI FIBER GLASS製造的玻璃纖維板。

書房、寢室的主要照明必須以間接來思考

在書房、寢室使用較多的間接照明，
一樣可以創造出充滿氣氛的空間。
重點在於用檯燈或工作燈
來填補讀書或寫字所需要的亮度。
這讓我們可以在間接照明的部分放手揮毫。

明亮的天花板提升間接照明的效果

天花板若是使用較為明亮的表面材質，可以用書櫃上方的間接照明，來確保整體的亮度

一定要跟工作燈搭配，來提高桌面的集中力。

用崁燈將書櫃清楚的照亮

若是有裝書櫃，可以用崁燈將書櫃的垂直面照亮

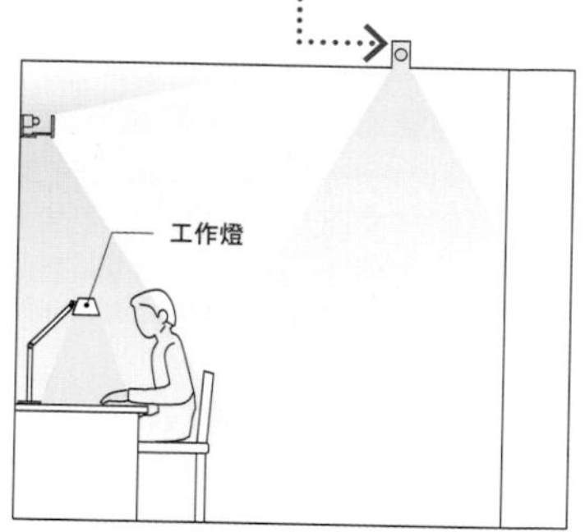

如果要設置均衡的照明，必須搭配壓克力等材質的乳白色燈罩，讓光源無法從下方直接被看到。桌上的照明則使用工作燈。

在床板設置飯店風格的間接照明

如果是現場打造的床板，可以設置間接照明或讀書燈，來成為飯店的風格

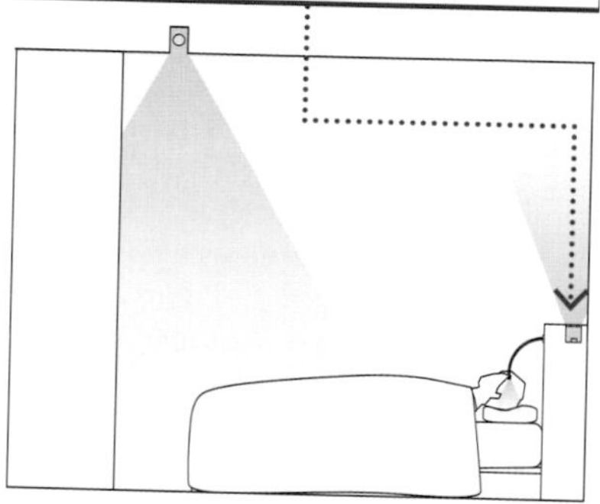

白色的光芒會抑制睡眠荷爾蒙，對舒適的睡眠來說必須避免。使用色澤溫暖的光源之外，躺在床上時，視線內不可以出現眩目的感覺。就算將照明器具裝在天花板，也必須是可以將腳邊照亮的位置。

在寢室的家具上方設置螢光燈

在枕邊設置桌上型的檯燈，開關跟亮度的調整則是在手邊的位置

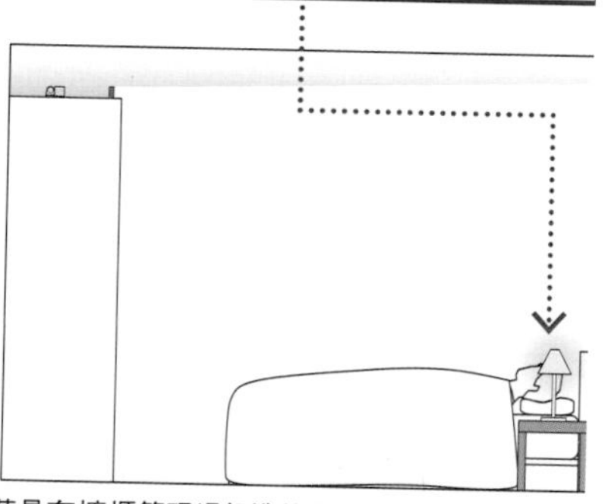

若是有櫥櫃等現場打造的家具，在頂部設置螢光燈來成為間接照明，可以實現不會眩目的整體照明。

寢室的均衡照明不可以讓光源被看到

用腳燈來當作常夜燈，可以避免深夜前往廁所時清醒過來

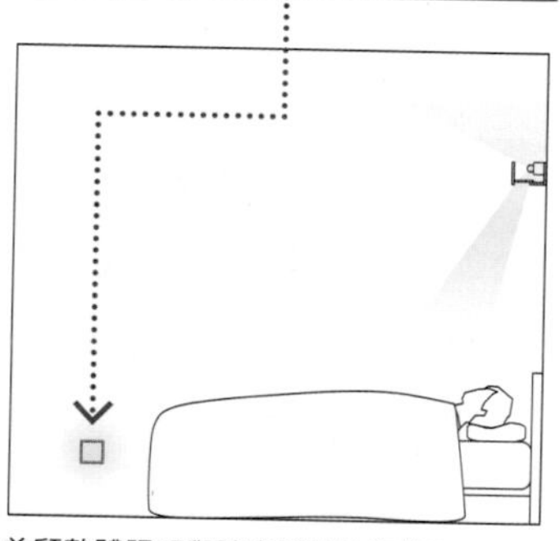

兼顧整體照明與讀書燈的均衡性照明，也是有效的手法，但要加上壓克力等材質的燈罩，避免光源被直接看到。

玄關口的照明必須是引人入內的氣氛

玄關口的照明，除了考慮防盜之外，
還必須誘導外來的訪客，
並且為關門、鎖門（找鑰匙）等行為提供支援。
另一方面，夜晚的外觀也會受到很大的影響，
必須考慮怎樣將室外結構照亮。

引導通道的玄關外照明

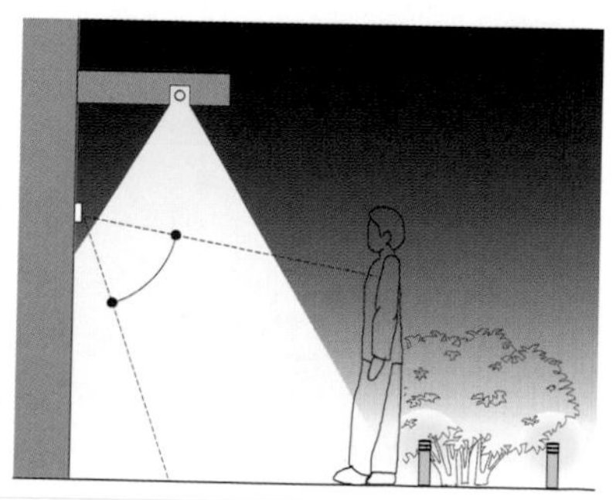

玄關外的照明要選擇附有動態感測器的燈具，或是另外裝設感測器，將訪客從通道引導至玄關。

玄關外照明，要將周圍與玄關門的手把照亮

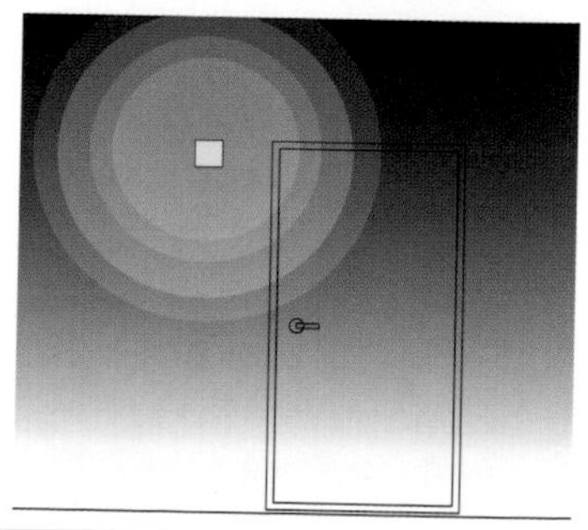

用壁燈來當作玄關的照明時，要裝在玄關門板開合的一方。

7

使用起來更加方便收納設計技巧

優良工程行所傳授的

收納設計技巧

優良工程行與眾不同的，在於收納的製作。
雖然不過是簡單的櫃子、小小的廚房，只要製作收納，
就能成為高質感的空間，與室內裝潢得到調和。

活用家中的縫隙

收納最讓人感到高興的，是狹窄的縫隙不會被浪費，
可以當作收納空間來活用。
乍看之下沒有任何意義的空間，
只要改裝成收納，也能讓屋主覺得感動。
特別是樓梯下方，可以規劃的空間出乎意料，
對小型住宅來說格外的珍貴。

美麗呈現樓梯下方的收納

跟室內裝潢採用同樣的表面材質，巧妙的融入空間內（岡庭建設）。

框架跟樓梯板相同

跟牆壁採用同樣的壁紙

跟門一樣鋪設椴木合板

在小型的高低差設置大型抽屜

在榻榻米下方設置大型的抽屜，取代一般將榻榻米掀起來的收納方式，大幅提高使用上的方便性（岡庭建設）。

樓梯旁邊的小型收納

在上下樓層中間的樓梯旁設置收納，位在動線上面，使用起來相當方便（Assetfor）。

樓梯下方收納鞋子的空間

有些格局會在玄關旁邊的樓梯下方形成空白的空間，可以當作放鞋子的收納來活用（Assetfor）。

在車庫天花板內側設置收納空間

像這樣子在車庫天花板的內側設置收納空間，可以放置汽車用品，或是必須用車輛搬運的行李。

把展示櫃設置在牆壁裡面

展示櫃最能活用深度較淺的空間，無框的壓克力門下方插在軌道內，上方裝有磁鐵吸附的門扣（田中工程行）。

在牆壁內設置簡易的櫥櫃

放置不管的牆內，是沒有任何用處的空間。當作櫃子來活用，很簡單的就可以改裝成收納空間。但深度較淺、可以收納的物品種類有限，要好好計劃數量跟位置，不可無厘頭的到處設置。表面材質也必須注意，不可以干擾到室內裝潢的整體氣氛。

跟牆壁表面使用同樣材質的櫃子

裝在櫃台桌側面的櫃子。表面材質與牆壁相同，減少櫃子給人的印象（Assetfor）。

用照明來突顯展示櫃

為了讓玄關得到延伸出去的感覺，在玄關正面的牆上設置櫃子。內側頂部設有落地燈（Kirigaya）。

牆角的收納空間

房間牆角的收納，可以像這樣子把門裝上。沒有門的話東西會隨便的放置，成為雜亂的空間（Assetfor）。

在房間角落設置收納空間

房間角落很容易成為沒有使用的空間。特別是窗戶跟門附近的牆角，沒有足夠的空間來設置大型收納，只能成為普通的牆壁。因此特別介紹把這個空間當作收納來活用的方法。把牆角圍起來，很簡單的就能成為收納。特別是對預算較低的改建案例來說，是非常棒的技巧。

LDK內要將廚房隱藏起來

**LDK會以客廳為前提來設計。
機能比外觀更為重要的廚房該怎麼處理，
將是設計上的重點。
基本上會盡可能的隱藏跟水相關的生活設備。
巧妙的將它們化為收納，
將可以創造出舒適的LDK。**

◎ 看起來有如收納空間的廚房

從客廳看向廚房。乍看之下有如收納的空間，內部卻是各種廚房設備（Assefor）。

◎ 使用大型拉門的廚房收納

把大量的廚房用品跟設備，收在廚房內側的大型拉門內（Assefor）

◎ 木工製作的雜誌架

使用實木跟木心，由木工師傅製作的廚房收納上的雜誌架。重點是可以放置給主婦用的大型書籍（田中工程行）。

中央是作業台兼雜誌架。考慮到造型，最好是擺在作業台的側面。

在廚房收納設置雜誌架

**大部分的雜誌尺寸較大，一般書櫃放不進去，
希望能有雜誌架的意見不在少數。
特別是客廳跟廚房，在此閱讀雜誌的頻率較高，
雜誌架是相當好用的設備。
此處介紹的是裝在廚房收納上面的案例。**

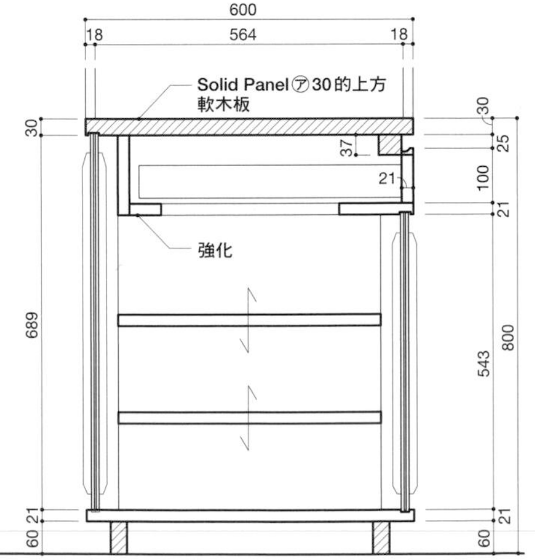

截面圖（S＝1：15）

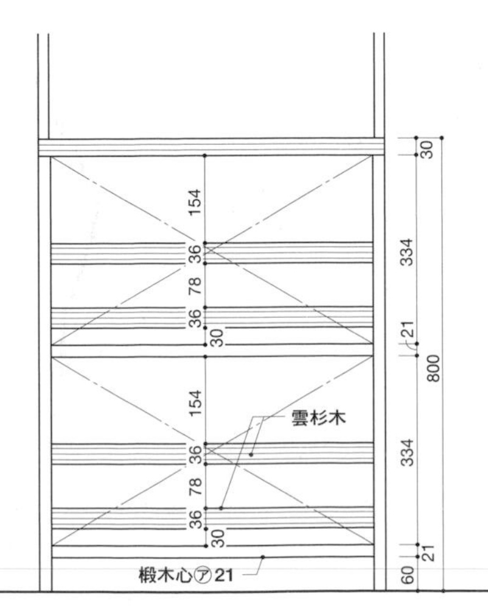

立面圖（S＝1：15）

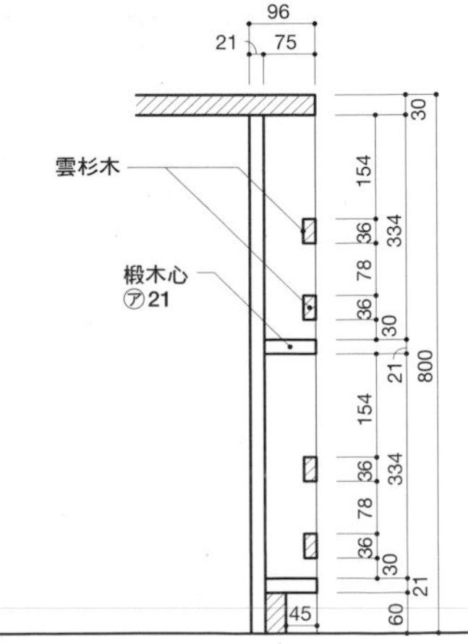

雜誌架截面圖（S＝1：15）

◎ 裝有各種抽屜的廚房收納

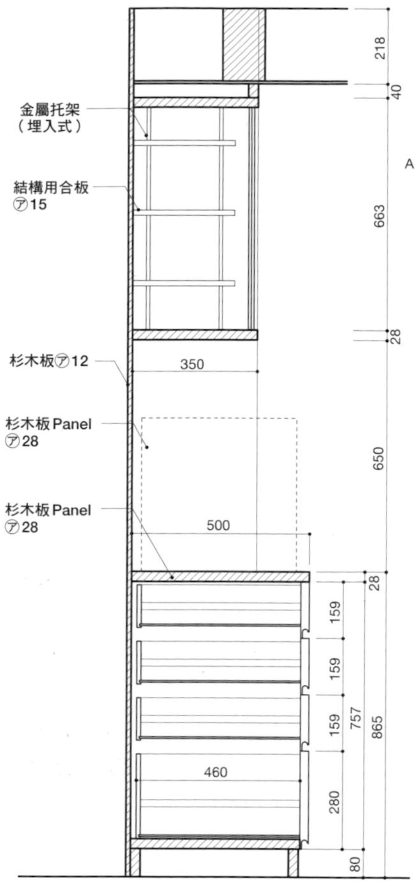

廚房收納截面圖（S＝1：20）

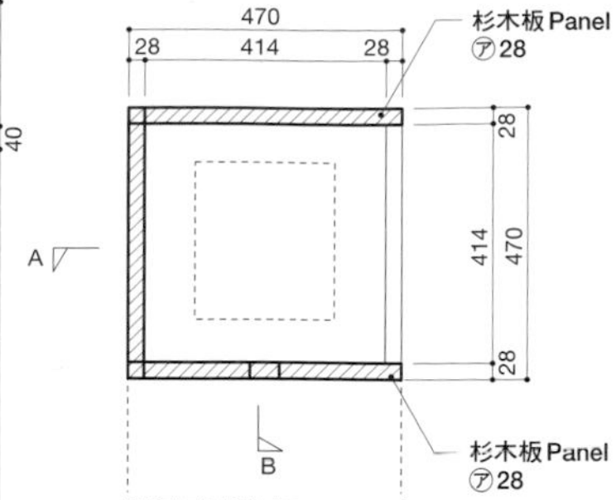

推車平面圖（S＝1：20）

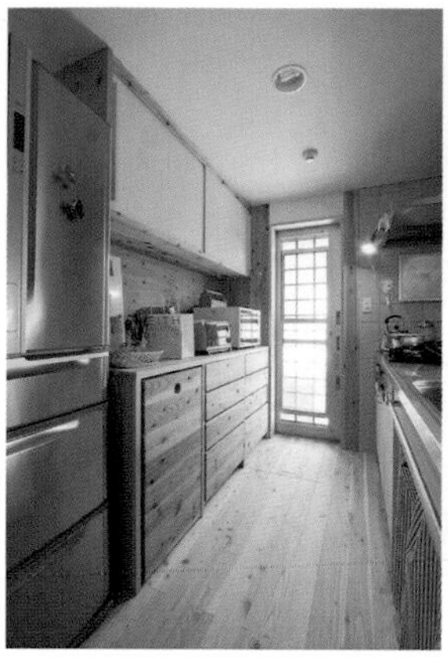

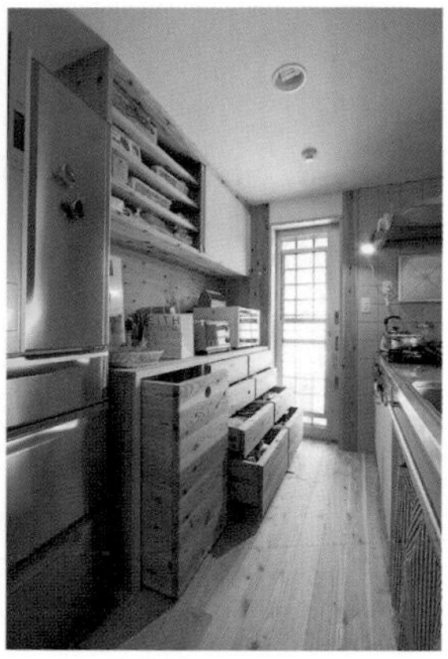

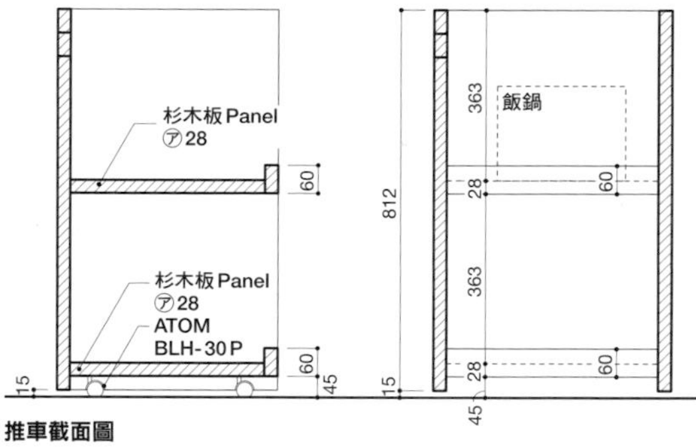

包含抽屜在內，所有收納都是由木工師傅製作。幾乎都使用杉木的木材，實際裝設起來的感覺也能由木工師傅在現場調整（輝建設）。

推車立面圖（S＝1：20）

飯鍋收在推車內，可以用手把輕易的拉出來

推車截面圖

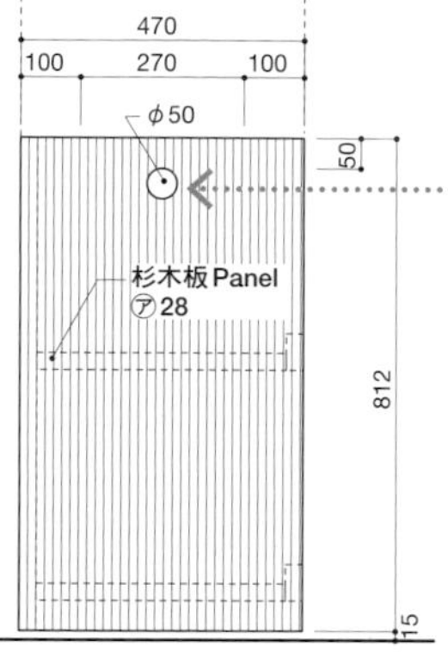

可以放置各種不同尺寸的廚房收納

廚房必須收納各種不同的物品。
這些物品的尺寸各不相同，
若要追求收納的方便性，
必須以其中最高的物品來當作基準。
在此介紹巧妙實現這點的案例。

抽屜部位截面詳細圖（S＝1：10）

在深6㎜的溝道內裝上鋁製軌道來製作拉門

吊掛式櫥櫃的拉門（S＝1：10）

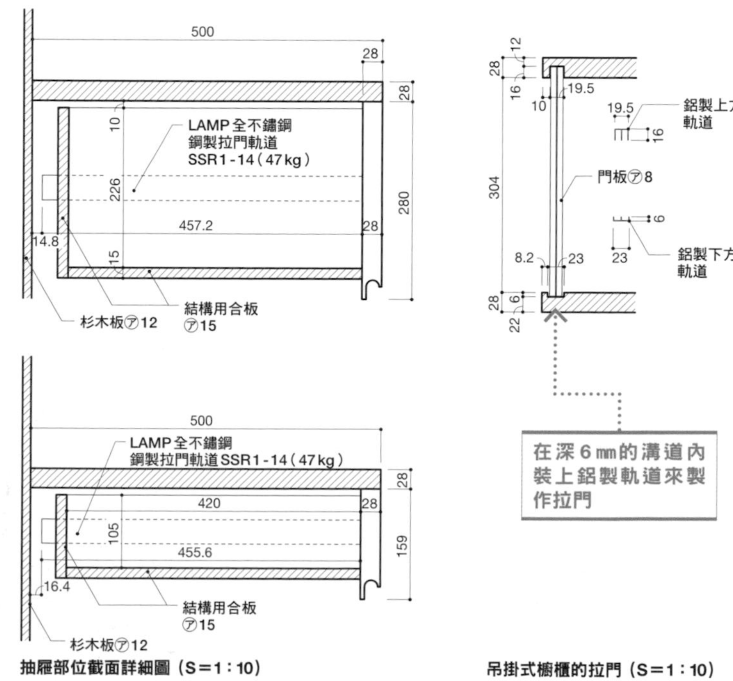

衛浴的收納要活用沒使用的空間

衛浴設備，大都無法擁有多餘的空間。
另一方面卻又得收納相當多的物品，
是讓人煩惱收納空間的場所。
衛浴收納基本上的重點，在於沒有被使用的空間。
洗臉台的旁邊或是牆內，要盡量利用這些小空間
來設置櫥櫃。

整潔的呈現衛浴收納

裝在牆壁鏡子內側的收納。細心處理邊緣的切口，成功得到清爽的外觀（Four Sense）。

石膏板㋐12.5
胴緣15×60
收納庫：鏡子門板
（Panasonic GHA7FU13MR）
凹凸落差的材料
23
3
12.5
15
140
137
120
10.5
埋入的材料
管柱※120□
隔間柱45×120

一般外框會有更大的凹凸落差，此處將凹凸減少到3㎜，給人清爽的印象

截面圖（S＝1：16）

設置簡易的可動櫃

在牆壁側面設置簡單的收納櫃（照片右側）。塗上白色使其成為室內裝潢的一部分（Kirigaya）。

在洗臉台旁邊設置簡易的櫃子

用松木的板材組合而成的櫃子。深度為290㎜，隔板可以上下移動（Assetfor）。

在洗臉台旁邊上方，裝設可動櫃

採用可動櫃的構造，來對應各種不同尺寸的物品。由木工師傅在現場製作（岡庭建設）。

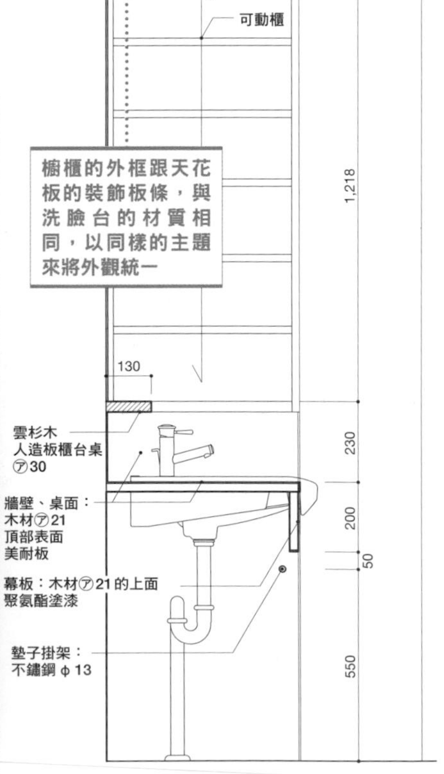

展開圖（S＝1：20）

※管柱：被胴差或樑打斷的柱子。

以木工製作的大型書櫃

用沒有塗漆的松木板組合而成的書架。可以收納文庫（A6）的書本（Assetfor）。

一樣是用松木組合的書架。以較小的貨批來製作書櫃，在現場進行組裝。書櫃兼顧隔音牆的機能，可以緩和隔壁房間的噪音（Assetfor）。

製作簡易的可動櫃

設置足以成為支柱的木板，裝上不鏽鋼的條柱與托架，擺上25㎜厚的松木板。

兼顧收納與造型的整面牆壁的櫃子

收納書本等物品的時候，需要相當大型的櫃子。雖然也可以製作許多1間※左右的書櫃，但是將一整面的牆壁都改成書櫃，也是很好的方法。除了可以容納大量的書籍，就造型來看，裝設起來的感覺也非常的好。

建商用來「提高品質」的收納戰略

給屋主的問卷調查之中「住宅蓋好之後感到不滿的部分」，「收納」是最常出現的項目之一。不滿意的內容除了收納的容量之外，還有使用上的方便性。受到這些意見的影響，最近有許多建商活用女性的觀點，重質重量的，讓收納越來越是充實。

各大建商之中，最早將著眼點放在收納上面的，要屬MISAWA HOMES。他們所提出的「藏」擁有大量的收納，有效活用天花板內側的空間，實現地板面積50％以上的收納。除此之外MISAWA HOMES在收納的領域，擁有各式各樣的提案內容跟關鍵技術（Know-How），一路下來都維持很高的競爭力跟提案能力。

充實的收納，重點在於滿足女性的需求，尤其是正在養育小孩或夫妻都有在工作的主婦。大和House跟收納專家的近藤典子小姐合作，研發出許多收納用品，以主婦族群為目標來提出訴求。而另一方面，積水化學工業（Sekisuiheim）正在強化提案的方式，讓生兒育女跟收納有更為明確的關聯。具體來說，是跟兒童教育之第一人選的陰山英男先生，聯手發展「Kageyama Model」，其中的格局跟收納計劃，都有考慮到小孩的教養跟學習環境。

就像這樣，建商在收納的部分會以主婦的觀點跟生兒育女的需求為考量，致力於軟體方面的強化，來提高自身商品的價值。（田中直輝）

MISAWA HOMES的「藏」，位在1樓天花板內側的收納空間。

積水化學工業在鋪有榻榻米的房間設有小孩用的收納。各種機關可以促進小孩養成收拾的習慣。

※1間：約1.818公尺。

能夠讓屋主高興的

〔各種房間〕之收納計劃法

各個房間的收納，該以什麼樣的方式來思考。在此用具體案例來說明各個房間之收納的思考方式。

何謂適當的收納空間

採訪時所造訪的一棟屋齡10年的住宅，在客廳、飯廳、洗手（洗臉）間、玄關等各個房間的地板跟桌上都擺滿物品。其中大部分都是日常會用到的東西，可是有些卻是佈滿灰塵。以適當的規模來打造的收納跟櫥櫃，也全部都裝滿了物品。

馬上就會使用的東西如果擺在眼前，似乎是很方便沒錯，但房間各處全都擺滿東西，卻稱不上是高品質的生活。居住者的生活空間變得狹窄，外觀上也不會讓人感到舒服。另外，現場打造的收納塞滿日常不會使用的物品，奪走了原本要給散亂在房間內的日用品使用的空間。

當然的，更進一步擴大收納空間，可以連房間內的物品一起擺進去，但實際上如果這樣做的話，只會讓收納的空間無限的增加。筆者常常有機會造訪高齡者的住宅，雖然比一般住宅還要來得寬敞，卻有很多都埋沒在繁雜且大量的物品之中生活。物品會不斷持續增加，不是加大收納空間所能解決的。

思考收納的時候，不可以用平面的方式來擺放物品，要盡可能使用上下的空間。足以容納各個房間使用的物品跟預備用品就可以。深度較深的壁櫥跟儲藏室、樓梯下方的收納等大型收納空間，如果只是以「總之先裝了再說」的方式來設置的話，容易形成居住者隨便屯積物品的環境。

思考容易使用的收納

控制物品數量的同時，另一個重點是去注意「應該收在哪裡」。比方說在客廳使用縫紉機，卻必須收在和室的壁櫥內。除非是拘謹又勤勞的人，大多會直接放在客廳，不然就是懶得拿進拿出，最後乾脆不去使用。面對這種狀況時，最好是將縫紉機跟相關用品的收納空間，擺在客廳桌子附近，不然就是在另一個房間設置專用的桌子+收納縫紉機的角落。這點要從屋主對縫紉機重視到什麼程度來判斷。

另外，有些住宅會設置大型的儲藏室或更衣室，把附近房間的收納都整合在此處，但這種狀況對屋主來說可能會非常的不方便。大量的物品集中在儲藏室內，東西擺到沒有地方可以立足，變成很難使用的倉庫。

如同先前提到的縫紉機，東西最好是放在使用的場所。非得擺在儲藏室等收納空間的時候，必須在牆壁設置立體性的櫥櫃。不可以放置過多的物品、櫃子深度不可以太深，並且要規劃出詳細的間隔。另外，有些物品可以使用抽屜型的收納來進行分類與保管。不管怎樣，都要努力避免東西擺在地面的狀況。

不論是哪一種收納，都必須在使用的時候方便取出、收起來的時候毫不勉強，設計時請將這點擺在第一來思考。

（勝見紀子）

裝在整面牆上的收納空間用的拉門。收納不光只是容量，還要思考如何活用高跟寬。

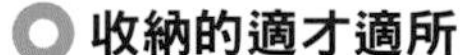

收納的適才適所

平面圖（S＝1：80）

如果空間充分，脫衣間最好要有充分的收納。洗澡用品、洗衣精、毛巾等物品的數量都不少，光是洗臉台很難收得進去。家人的內衣也可以放在脫衣間

不管再怎麼狹窄的廁所，都要有存放衛生紙的空間。在馬桶上方設置吊掛式的櫥櫃

希望把家人的衣服集中收在同一個地點的意見不少。不要製作的太死，裝上一根鐵管來掛洋裝，其餘讓屋主擺放已經擁有的衣櫃

可以從玄關土間直接進出的收納室，使用起來會很方便。雖然標示為鞋間，但大衣、雨傘、出外遊玩、室外打掃的用品全都放得進來

日式玄關不可以沒有的鞋櫃，高度及腰的收納空間不夠充分。鞋櫃從地板延伸致整面牆壁的設計，就算是在狹窄的空間也不可以給人壓迫感

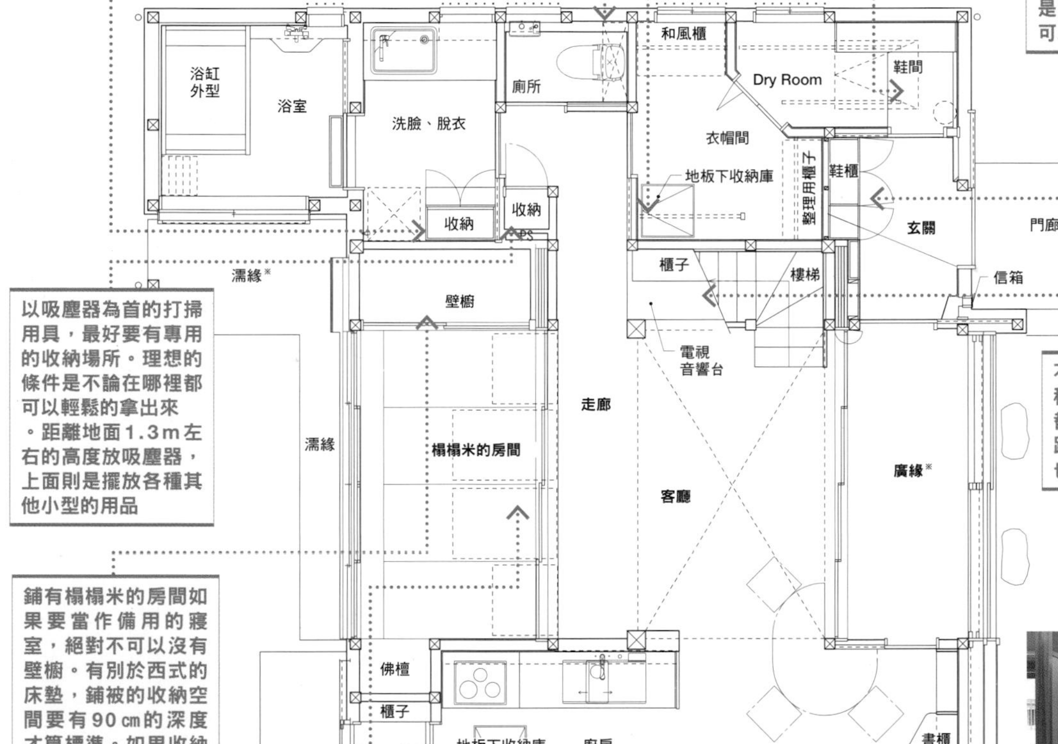

以吸塵器為首的打掃用具，最好要有專用的收納場所。理想的條件是不論在哪裡都可以輕鬆的拿出來。距離地面1.3m左右的高度放吸塵器，上面則是擺放各種其他小型的用品

不只是電視，其他各種機器的插座跟電線都必須注意。DVD跟CD等物品的收納也要事先考量

鋪有榻榻米的房間如果要當作備用的寢室，絕對不可以沒有壁櫥。有別於西式的床墊，鋪被的收納空間要有90㎝的深度才算標準。如果收納空間延伸到天花板，天袋※有可能會成為無謂的空間，要盡量避免，最好是在中層的位置區分上下

把榻榻米跟地面的高低落差改成收納。放置坐墊等大型物品或預備用品

就算狹窄也沒關係，盡量設置食品儲藏室。用來放置冰箱放不下的蔬菜或保存食品

寫東西或是用電腦作業，如果能在客廳或飯廳的延長線上進行，生活起來會很方便。電腦周邊設備的收納跟電線的空間、書本或資料、文具等物品的收納，最好都要一併考量

廚房的收納，要加設碗盤、家電的放置場所。流理台也具備收納功能最為理想。最低限度，請確保電子瓦斯爐、飯鍋、烤麵包機、水壺等物品的放置空間。插座的數量與配置也請注意。

※天袋：與天花板的表面相接，位在高處的收納空間。
＊廣緣：較寬的緣側（外走廊）。
＊濡緣：沒有遮掩，會被雨淋濕的緣側（外走廊）。

廚房收納跟食品儲藏室以方便性為優先

廚房收納 要在可動方式下功夫1

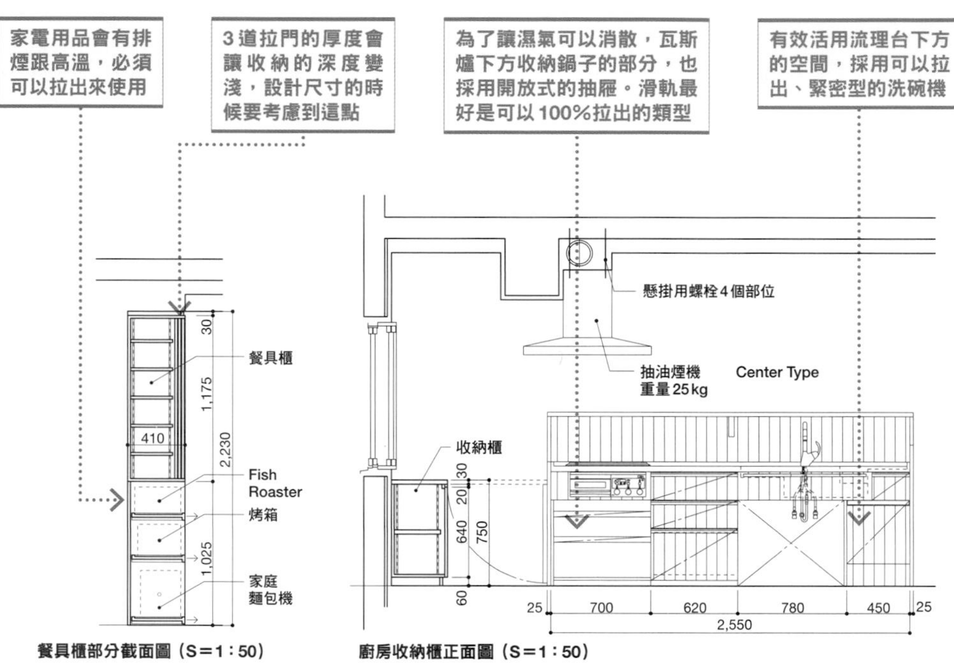

放有各種尺寸之廚具的廚房收納。櫥櫃是可動式，這點也很重要。

作業台通常是再多也不敷使用，掀開式的桌子沒有使用時可以展來，在屋主之間得到很好的評價。

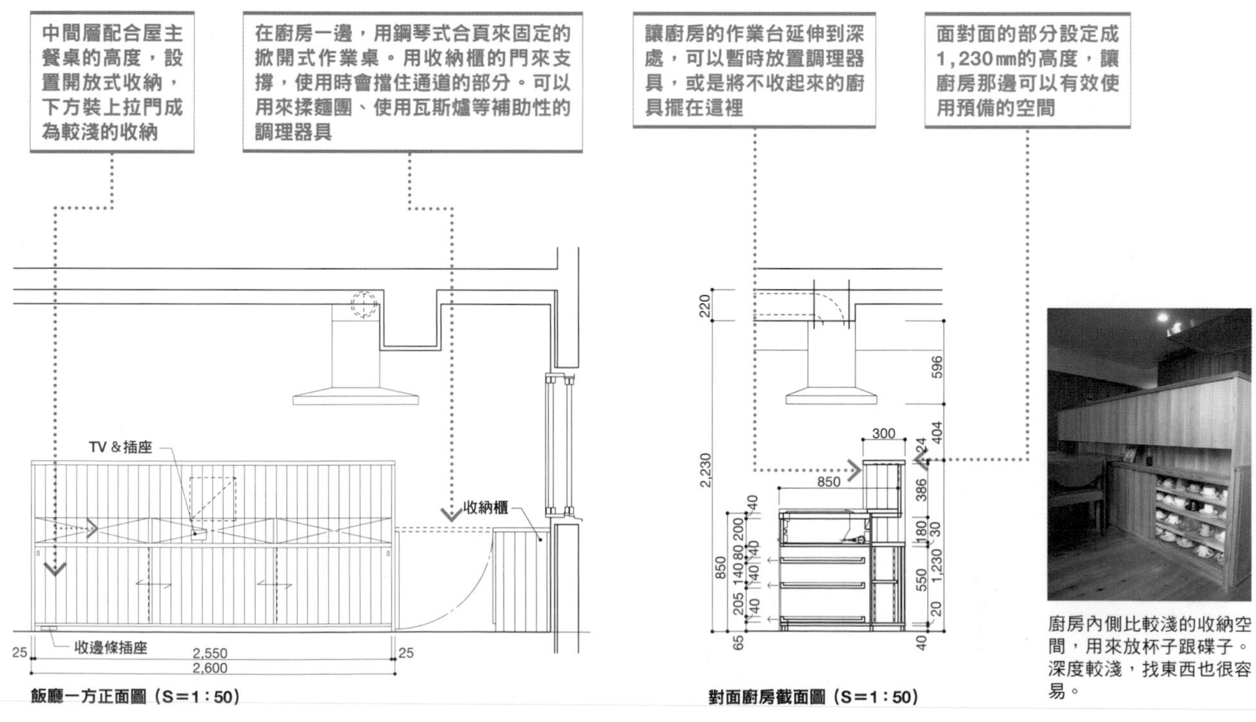

廚房內側比較淺的收納空間，用來放杯子跟碟子。深度較淺，找東西也很容易。

廚房收納
要在可動方式下功夫2

放置烤箱等器具的下方櫥櫃以使用上的方便性為優先，採用可以往外拉出的構造。上方的櫃子則是裝上拉門，避免給人雜亂的感覺。

查詢食譜會用到電腦，因此準備有網路線。準備好電話跟插座等相關設備，可以讓廚房收納櫃頂部成為情報區塊

為了清爽呈現從飯廳到客廳的空間，上方餐具收納的門採用「面」的造型，沒有外框或玻璃

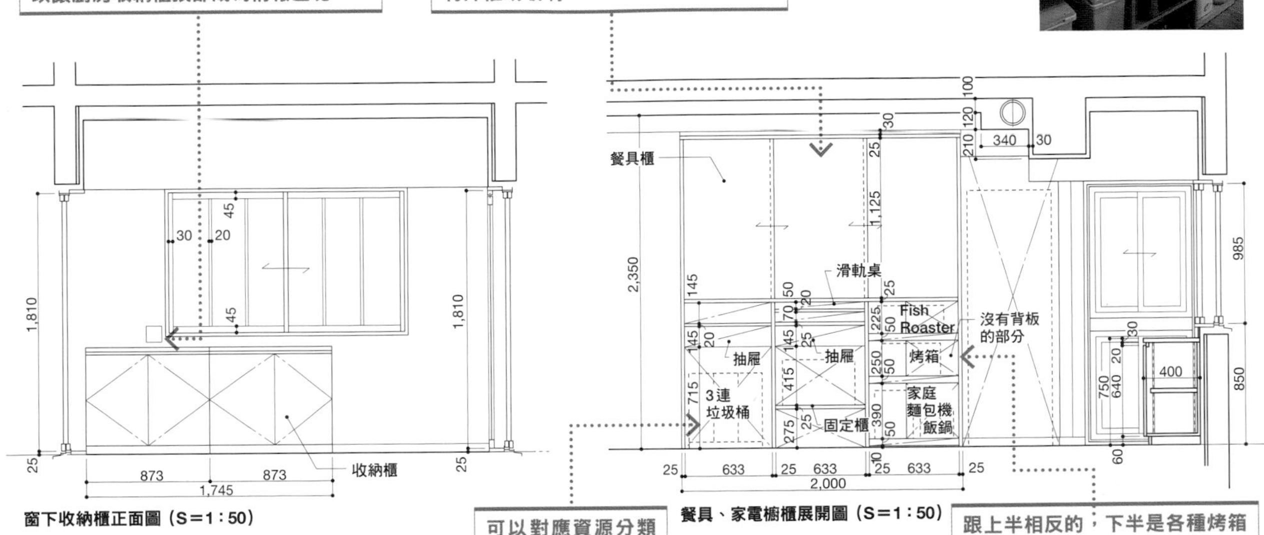

可以對應資源分類的垃圾箱放置場

跟上半相反的，下半是各種烤箱的空間。事先決定好5種調理用家電的擺設場所，設計相對應的滑軌桌

食品儲藏室
要有追加機能

1.5榻榻米的大型食品儲藏室（Pantry）。採用這種細長的平面造型，可以有效增加櫥櫃長度

食品儲藏室內土間的部分，如果有清洗用的水槽會很方便，這棟住宅有室外水槽所以省略

在其中一邊的牆壁設置櫥櫃。食品儲藏室大多會放比較重的物品，以木工製造堅固的結構

關於櫃子的間隔，最下方的尺寸要大一點，其餘則是300～400mm左右。要是能有深、淺兩種深度則更加理想

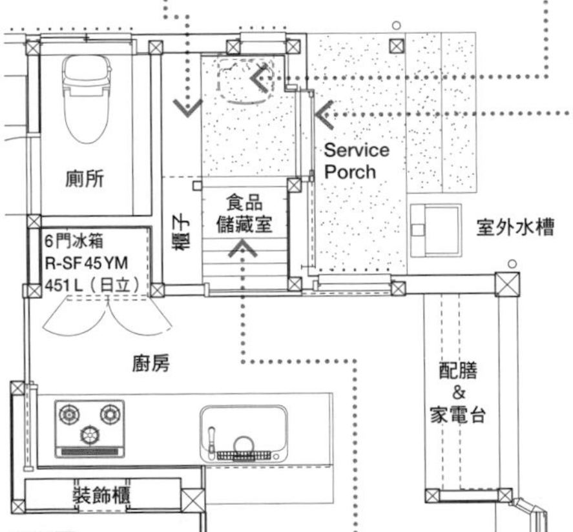

廁所　6門冰箱 R-SF45YM 451L（日立）　櫃子　食品儲藏室　Service Porch　室外水槽　廚房　配膳&家電台　裝飾櫃

平面圖（S＝1：50）

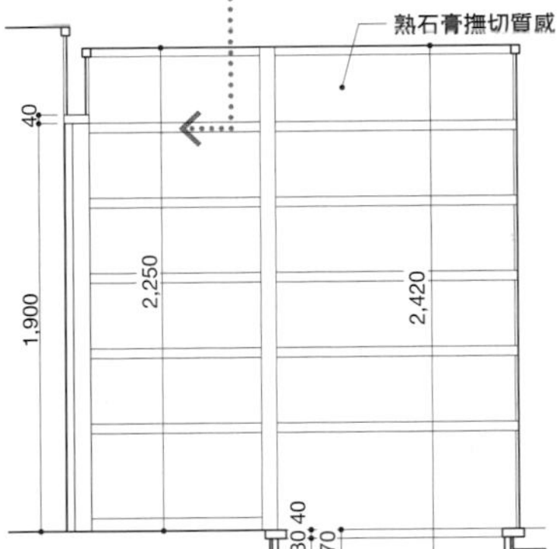

熟石膏撫切質感

展開圖（S＝1：50）

接地垂直面：砂漿塗漆

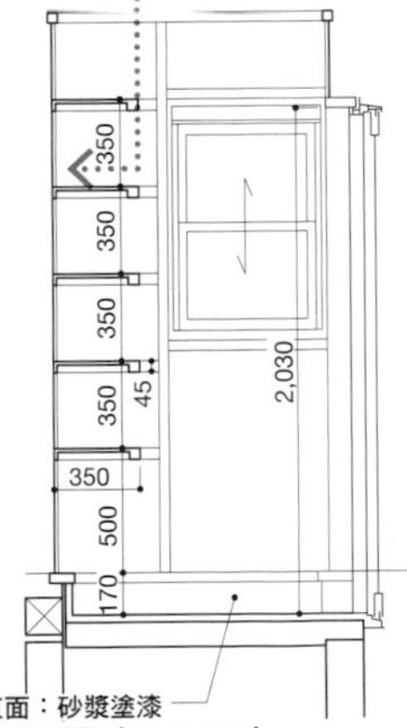

展開圖（S＝1：50）

有時不用穿鞋就可以了事，土間跟木板地面併存，使用起來會比較方便

食品儲藏室跟後門的組合，是日本生活形態的最佳造型

擺在土間上的食品儲藏室。櫃子的木板為杉木，牆壁是抗菌性、吸濕性高的熟石膏牆。

不光是廚房，食品儲藏室還可以透過鞋間來前往玄關。繞到後方的動線不用脫鞋，非常的方便

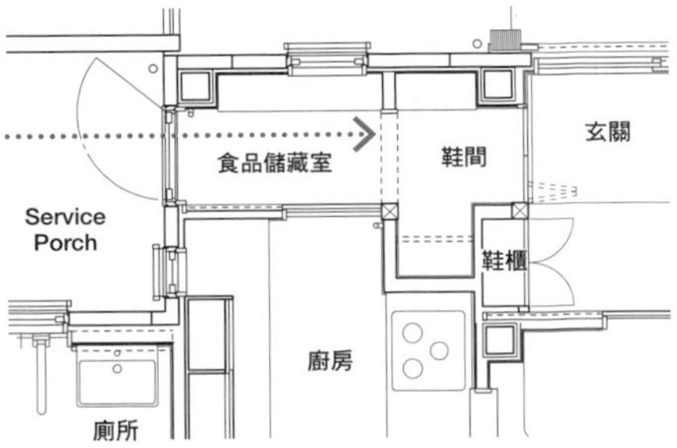

食品儲藏室　鞋間　玄關　Service Porch　鞋櫃　廚房　廁所

平面圖（S＝1：50）

電視架要避免雜亂的感覺

DVD播放器等電視周邊設備的空間。出乎意料的薄，不容易引人注意。跟桌子區一樣，準備有電線用的開孔來跟頂部連繫

周邊設備在電視櫃的收納方式很重要

電線孔

TV台

3,456

400

客廳

陽台

沙發正面，為了避免西側的陽光，在兩邊設置開口來形成長方的造型，並將大型的電視擺在中央

平面圖（S＝1：50）

2,978

110

40

40

360

550

展開圖（S＝1：50）

雖然是固定式的電視收納，卻是用木工組合頂板跟隔板的簡單構造。為了降低成本，沒有設置抽屜跟門板，組合市面上販賣的不同尺寸的紙漿收納箱，並且注意隔板的位置來避免有任何的縫隙

電視櫃必須放置許多周邊機器，要盡量避免雜亂的感覺。電線類的收納很重要。

客廳的作業桌方便性要大

在家中處理事情跟使用電腦作業的時間，跟以前相比增加了許多。以前在餐桌進行的作業，也因為越來越多的機器跟資料沒有地方擺，必須另外準備專用的場所。這棟住宅在餐桌旁邊面向牆壁的位置，以L型來設置桌子跟書櫃，面積相當的大。

書櫃頂端的間接照明

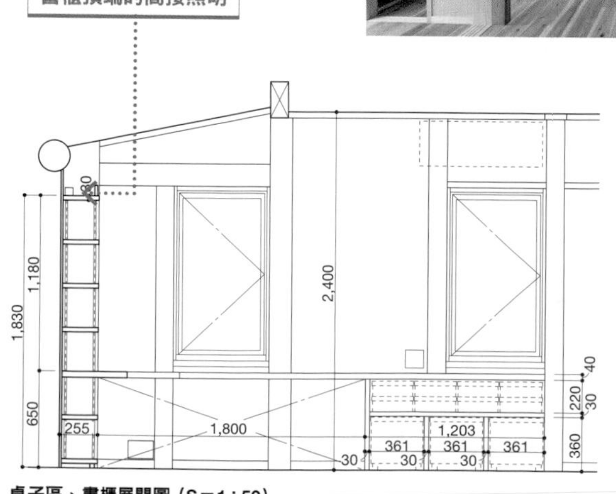

桌子區、書櫃展開圖（S＝1：50）

各種機器的電源，以及電腦跟周邊設備的連接需要大量的電線，對桌子加工，讓桌面上下可以順利的相連

桌子區、書櫃正面圖（S＝1：50）

衛浴收納要重視容量跟打掃的方便性

洗臉、脫衣的收納 總之以容量為優先

事實上有很多東西想放在這裡。例如洗臉刷牙相關、化妝品或刷子等等梳妝必需品、麻織品類、沐浴備品或清潔用具、洗衣用的清潔劑或曬衣用具、脫衣籃、更換的內衣等等。把洗臉檯和洗衣機放在相當狹窄的盥洗室裡，無法清掃整理也很合理。所以除了附有收納功能的洗臉檯之外，一定也要設計一個可以收納雜物的收納櫃。

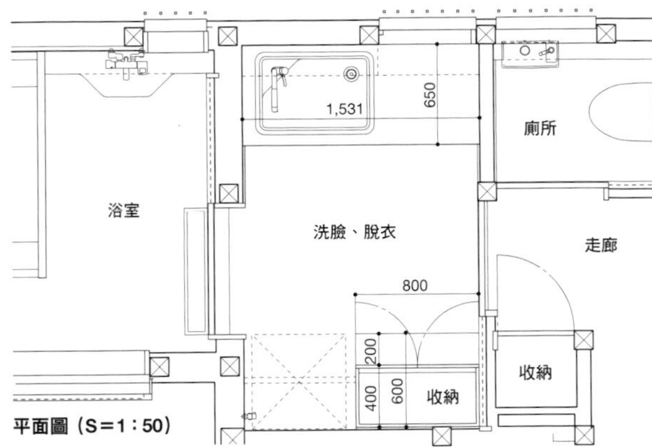

平面圖（S＝1：50）

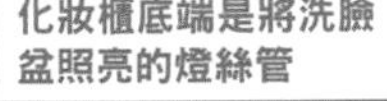
化妝櫃底端是將洗臉盆照亮的燈絲管

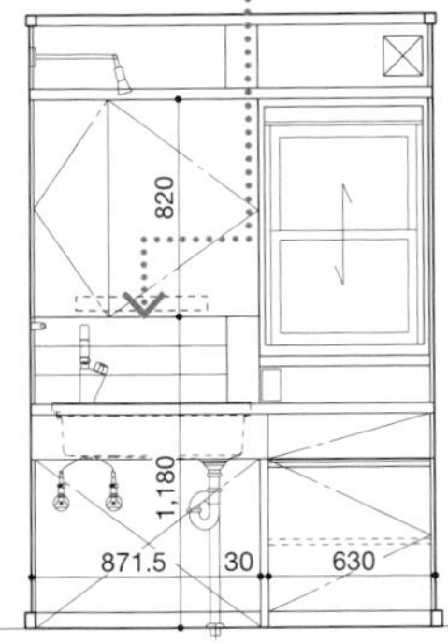

展開圖（S＝1：50）

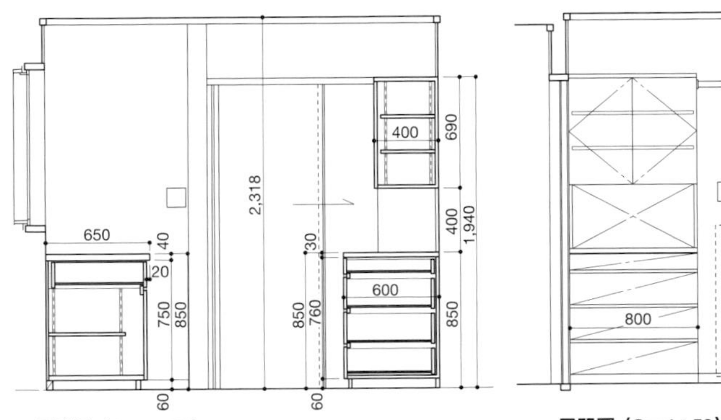

展開圖（S＝1：50）

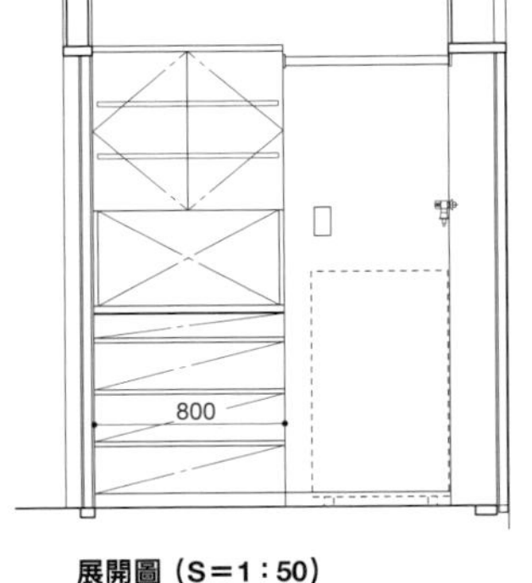

展開圖（S＝1：50）

廁所的收納 以打掃的方便性為第一

凸出的部分，上方是合頁門板的收納。下方是放置寵物廁所的開放性結構。地板跟牆壁表面是注重清潔性的美耐板

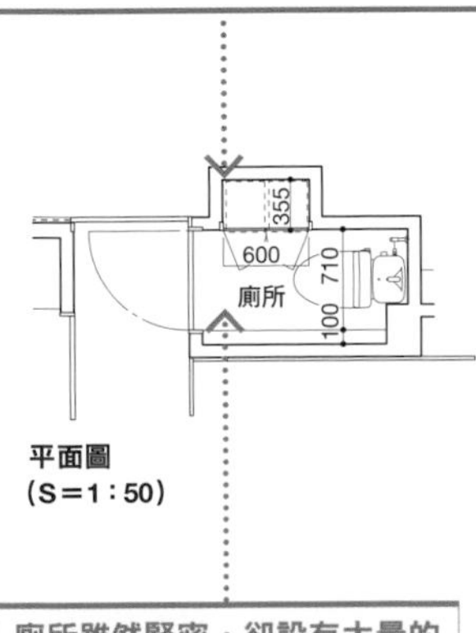

平面圖（S＝1：50）

廁所雖然緊密，卻設有大量的收納、放置寵物廁所的場所、擺小型物品的櫃子

廁所旁邊的合頁門。懸掛式櫥櫃讓人可以在下方擺東西，同時擁有相當的容量。

不光是人類廁所的用品，要是連寵物廁所的更換品也能一起儲備，則可以讓人多一份安心感。收納的高度剛好，大人跟小孩都方便使用

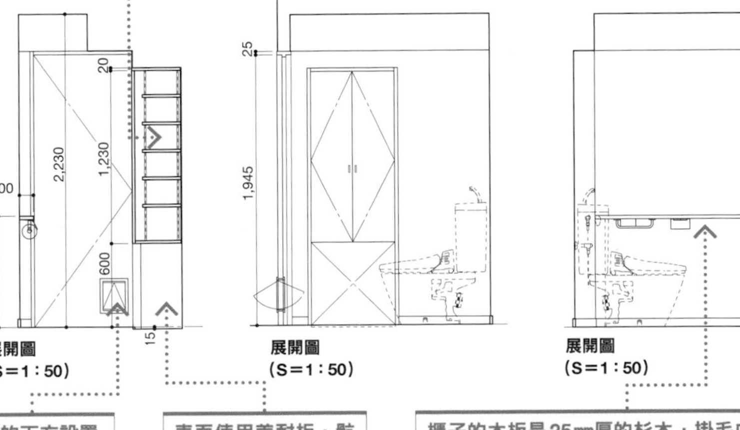

展開圖（S＝1：50）

展開圖（S＝1：50）

展開圖（S＝1：50）

在門的下方設置寵物用出入口

表面使用美耐板，骯髒的時候可以用消毒液直接擦拭

櫃子的木板是25㎜厚的杉木，掛毛巾架、衛生紙滾筒裝在櫃子底部，降低器具的存在感來得到清爽的牆面。就算只有100㎜的深度，也能暫時性的放置物品，增加使用的方便性

玄關收納要容納許多物品

事先想好各種收納來確保大量的空間，同時也顧慮到進出的方便性。

鞋間可以大幅提升玄關的收納能力

出入口刻意不使用門板，吊掛遮蓋用的布幕。設置窗戶讓濕氣可以消散也很重要

下層預定用來放鞋子，上方2層放其他的物品

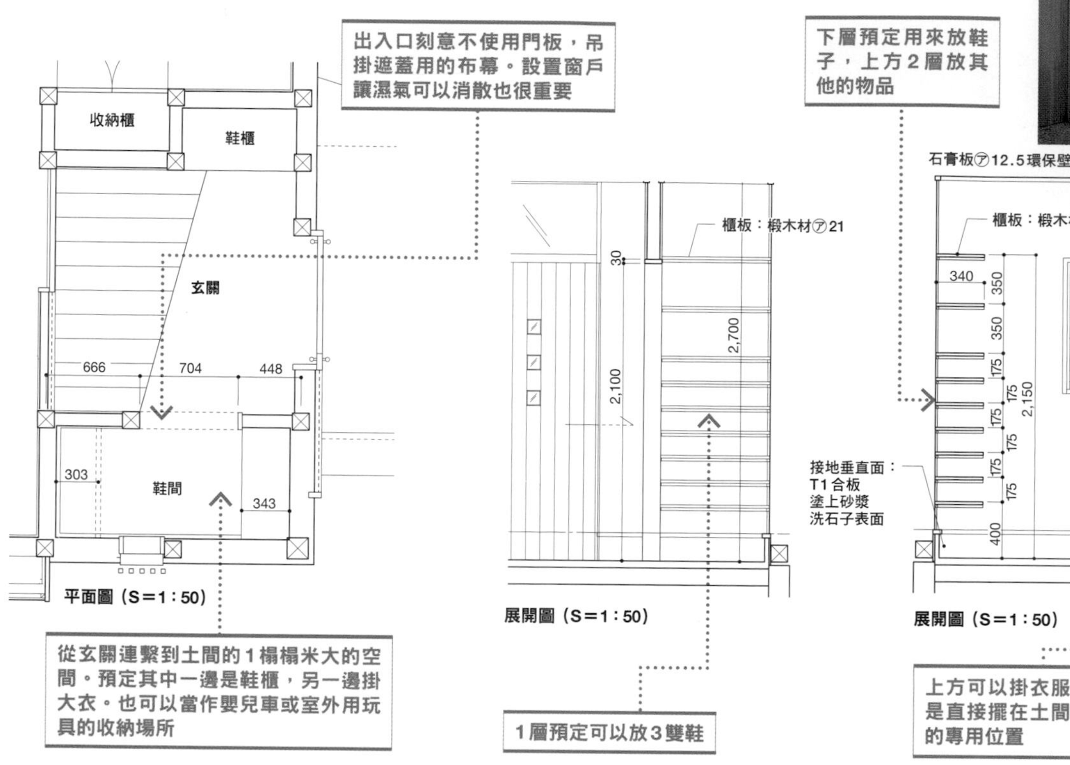

從玄關連繫到土間的1榻榻米大的空間。預定其中一邊是鞋櫃，另一邊掛大衣。也可以當作嬰兒車或室外用玩具的收納場所

1層預定可以放3雙鞋

上方可以掛衣服，下方預定是直接擺在土間地面之物品的專用位置

玄關的收納用高度來提高容量

就算是狹窄的玄關空間，大多需要容量較大的鞋櫃。為了減少壓迫感而傷腦筋

收納沒有做到天花板，高度設定在2m左右，頂部設置間接照明

木條工程木板的簡單門板，用偏紅的柾目（直紋）木板組成

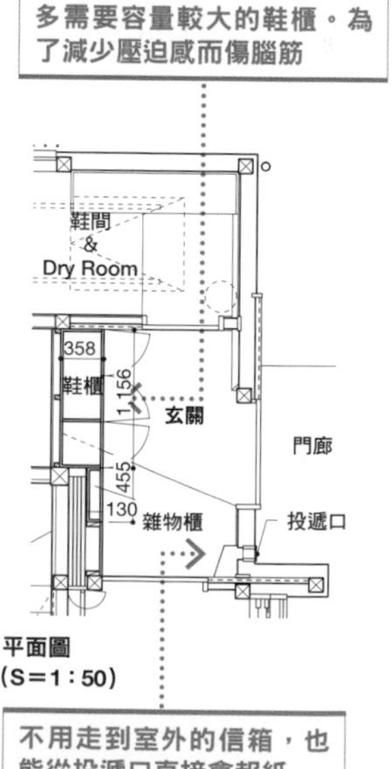

不用走到室外的信箱，也能從投遞口直接拿報紙

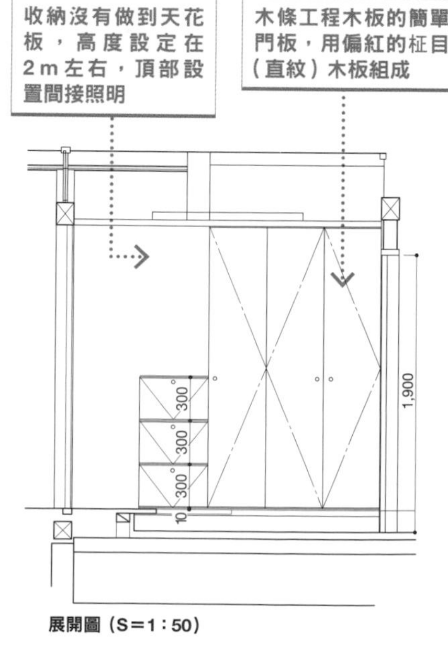

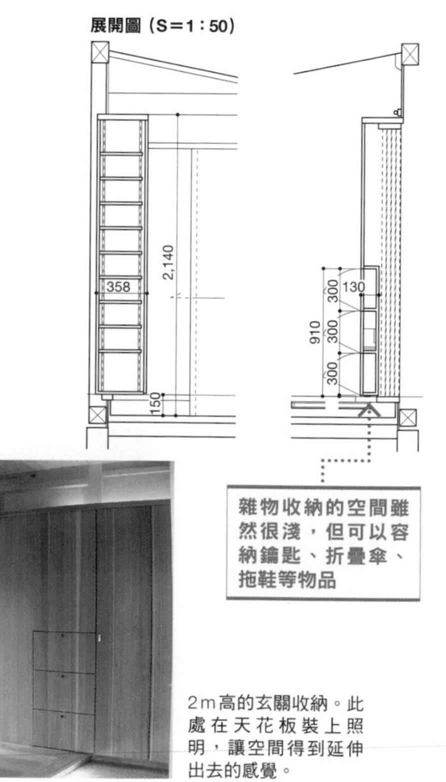

雜物收納的空間雖然很淺，但可以容納鑰匙、折疊傘、拖鞋等物品

2m高的玄關收納。此處在天花板裝上照明，讓空間得到延伸出去的感覺。

下點功夫就能改變外觀

收納設計的秘訣5

改善收納外觀的秘訣在於表面材質跟邊緣的處理等小功夫上面。

許多收納家具，都直接出現在居住者的視線之中，隨便擺設反而會讓房間整體的印象變差。另外，家具的造型需要極為纖細且合適的感性，只靠自己的觀感隨意設計，必須面對不小的風險。在此建議大家在設計的時候，遵守以下這5條規則。

1 木頭薄片的貼法
2 門板的分配
3 切口的處理
4 變通用間隔的處理
5 扶手

只要確實遵守這些規則，就算某種程度自由的進行設計，收納的造型也不會出現致命的破綻。特別是切口跟間隔處理等細節，在這些部分下功夫，可以提升整體的品質。

另外，以這些規則為前提，最好還可以按照設計來使用不同的工法，對成本進行管理。在筆者個人的場合，抽屜或必須使用特殊金屬零件、需要高準度施工、需要特殊安裝手法、使用特殊材料等狀況，會選擇家具工程。如果使用一般素材或組合性零件、金屬零件、沒有必要在工廠塗漆的話，會選擇木工工程。兩者之間的話則選擇門窗工程。

（和田浩一）

秘訣1

木頭薄片將木紋統一最重要

將木頭薄片貼在門或板材上面時，要讓木紋連續到旁邊的門或板材上面。以極端性的角度來看，就算分成基本櫥櫃跟吊櫃，也要使用一整片的木頭薄片來貼上，並且抱持將中間空白的部分捨棄的覺悟。實際上雖然不會做到這種地步，至少相連的門板要用同一片木頭薄片來製作。另外，使用縱向的木紋時，不可以將※末口跟※元口搞錯。末口跟元口乍看之下雖然沒有什麼不同，仔細觀察卻會出現「異常」的感覺，製作時必須謹慎處理。

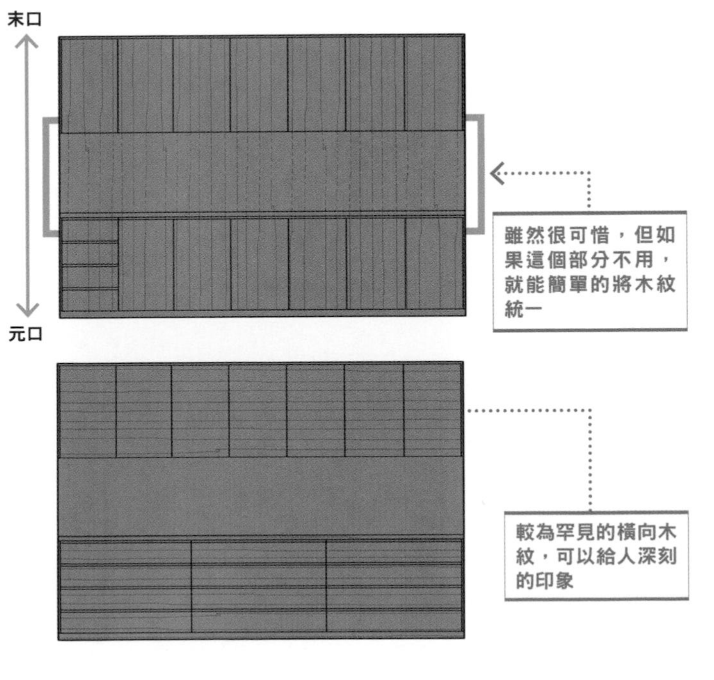

※末口：木材（樹木）末梢一方的切口。
※元口：木材（樹木）根部一方的切口。

秘訣2

門的尺寸分配 光是一致 不夠充分

收納之門板的尺寸分配，基本規則是「一致」。讓寬度和高度一致、將面一致來進行統一，呈現出清爽的外觀。但光是注重這點（特別是規模較大的收納）卻會給人「冰冷的印象」，有時也得刻意的「打亂」一下。

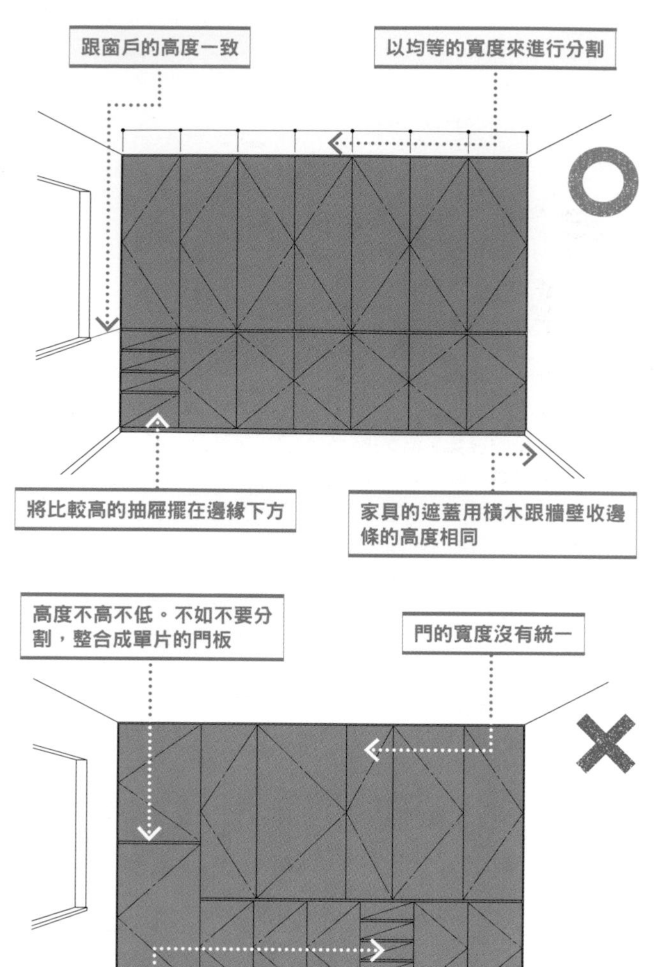

上級篇 以規則性＋不均衡性來提高品味

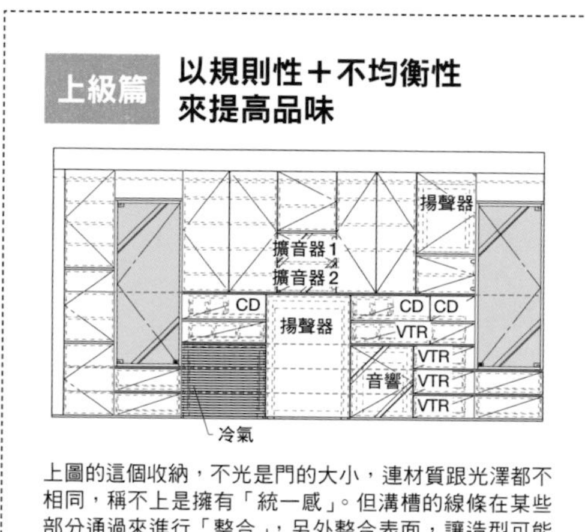

上圖的這個收納，不光是門的大小，連材質跟光澤都不相同，稱不上是擁有「統一感」。但溝槽的線條在某些部分通過來進行「整合」，另外整合表面，讓造型可能會產生破綻的部分連繫在一起，在照明效果的陪襯之下形成溫柔的氣氛。

秘訣3

門板切口的處理 要使用門側膠帶或單板

門板或櫥櫃的切口，會大幅影響家具給人的印象。比方說門板的切口，如果用門窗工程來處理，會貼上厚度4～7㎜的實木板材（挽板※），但如果有許多門板排列在一起，這道比較厚的線條會讓人感到在意。可以使用幾乎沒有厚度的門側膠帶或單板來貼上。

○ 單板或厚單板

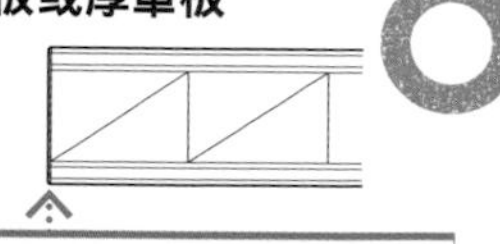

單板的厚度不會讓人在意得到清爽的外觀

切口的化妝材較薄，讓側面切口不顯眼。

○ 實木木板（挽板）

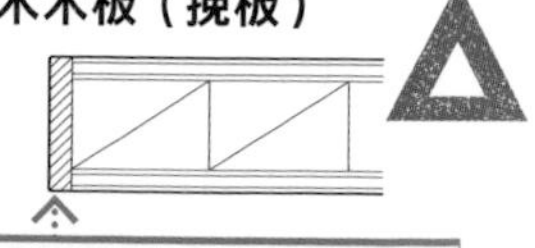

可以看到兩條線。當門板連續排列時，線條的數量會增加，這樣並不雅觀

切口的化妝材較厚，讓側面切口明顯的被看出。

※挽板：有別於一般薄薄削下的化妝用木片，用電鋸從木材切下來的薄板。

秘訣4

現場打造之家具的變通用間隔要留20㎜

現場打造的家具，為了調整跟建築與家具之間精準度的落差，遮蓋用橫木跟填充物等「調整用的間隔」，是絕對不可缺少的要素。但必須注意的是「調整用的間隔」也會大幅影響外觀。間隔較小給人尖銳的印象，如果太小而施工的精準度又不足，裝設起來的感覺反而會變差。變通用的間隔如果能有20㎜左右，這類問題將比較容易解決。

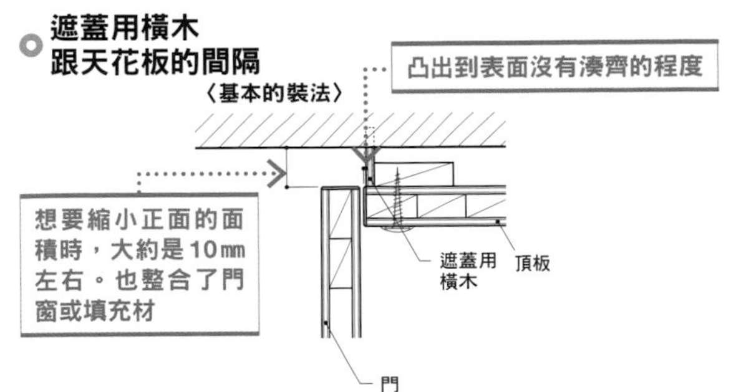

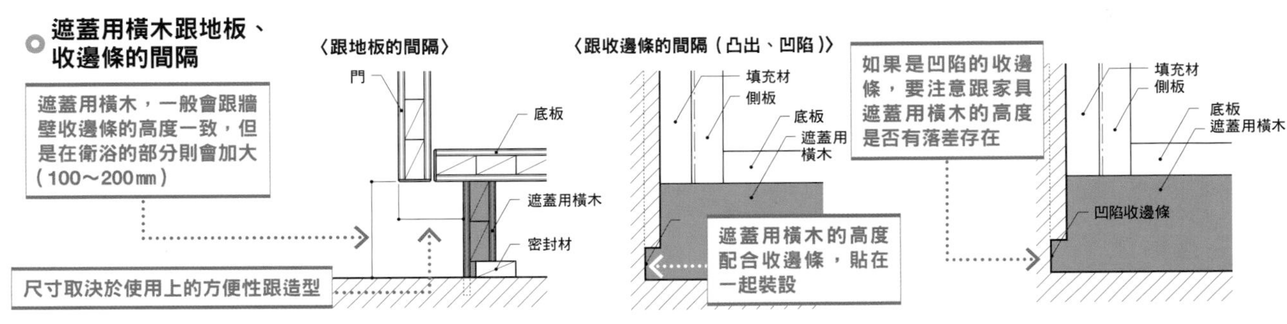

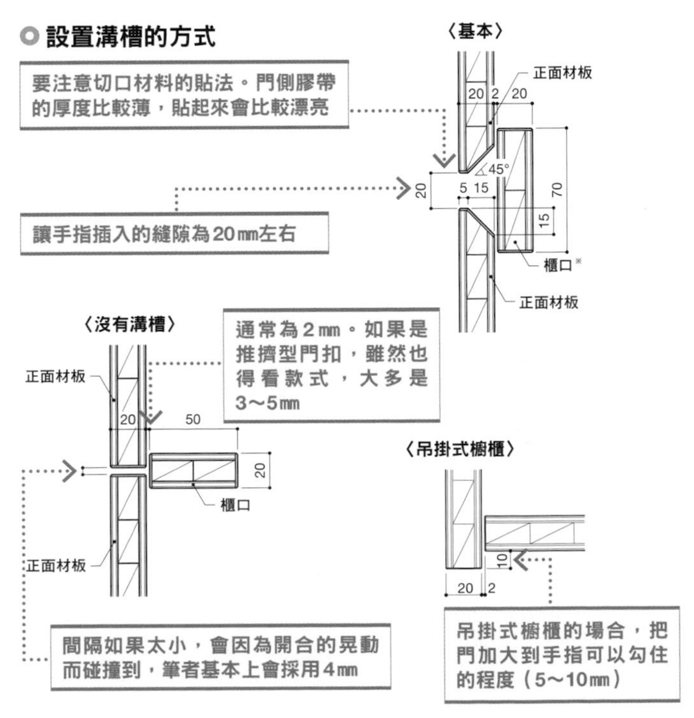

秘訣5

用溝槽取代手把或握把

若想要得到平坦又清爽的造型，可以在門板邊緣設置溝槽，來取代手把或握把。需要的空隙大約是20㎜，內部表面的處理也要注意。櫥櫃側面跟正面木板的連結不可以凸出。溝槽的形狀會依據造型、素材、表面材質、使用場所來決定，比方說化妝合板，可以讓門板的一端朝另一端變細，如果是塗漆的板材或薄木板，則大多會挖出溝道。吊掛式的櫥櫃則會讓門板增加5～10㎜的長度。

※櫃口（棚口）：抽屜或櫃子被打開時，正面沒有往外移動的部分。

TITLE

大師如何設計：最高品味住宅規劃150例

STAFF

出版　瑞昇文化事業股份有限公司
作者　株式会社エクスナレッジ（X-Knowledge Co., Ltd.）
譯者　高詹燦 黃正由

總編輯　郭湘齡
責任編輯　王瓊苹
文字編輯　林修敏　黃雅琳
美術編輯　謝彥如
排版　執筆者設計工作室
製版　明宏彩色照相製版股份有限公司
印刷　桂林彩色印刷股份有限公司
法律顧問　經兆國際法律事務所　黃沛聲律師

戶名　瑞昇文化事業股份有限公司
劃撥帳號　19598343
地址　新北市中和區景平路464巷2弄1-4號
電話　(02)2945-3191
傳真　(02)2945-3190
網址　www.rising-books.com.tw
Mail　resing@ms34.hinet.net

初版日期　2014年5月
定價　450元

國家圖書館出版品預行編目資料

大師如何設計：最高品味住宅規劃150例 / 株式会社エクスナレッジ作；高詹燦, 黃正由譯.
-- 初版. -- 新北市：瑞昇文化, 2014.04
152面；28.5*21　公分
ISBN 978-986-5749-38-5(平裝)

1.家庭佈置 2.室內設計 3.空間設計

422.5　　103005505

SENSE WO MIGAKU JYUTAKU DESIGN NO RULE

Originally published in Japan in 2013 by X-Knowledge Co., Ltd.
Chinese (in complex character only) translation rights arranged with
X-Knowledge Co., Ltd.

ORIGINAL JAPANESE EDITION STAFF

取材協力者・執筆者一覧

池田浩和（岡庭建設）
石川淳（石川淳建築設計事務所）
海野洋光（海野建設）
勝見紀子（アトリエ・ヌック）
岸田好猛（デルタトラスト建築設計室）
北村佳巳（北村建築工房）
小原響（輝建設）
角谷良一（平成建設）
岸未希亜（神奈川エコハウス）
鈴木昌司（扇建築工房）
武山勝男（パパママハウス）
田中健司（田中工務店）
田村貴彦（カサボン住環境設計）
西山哲郎（フォーセンス・チトセホーム）
野瀬有紀子（アセットフォー）
畑木明雄（キリガヤスタイル）
福多佳子（中島龍興照明デザイン研究所）
道田泰平（モコハウス）
三牧省吾（オーガニック・スタジオ）
迎川利夫（相羽建設）
村上太一（村上建築設計室）1、2章の事例、解説担当
和田浩一（STUDIO KAZ）